Ringraziamenti

Sono grato a Daniele Bergesio, che ha prestato la sua passione per la fotografia nel ritrarre i luoghi del CERN citati all'inizio dei capitoli. Ringrazio inoltre Paolo Magagnin per avermi aiutato a realizzare alcune difficili immagini tecniche e inedite presenti nel libro. Il mio grazie va infine a Federico Tibone, che con domande e preziosi consigli ha contribuito ad arricchire e migliorare il testo, mediando tra l'esigenza di rigore dello scienziato e le genuine curiosità del lettore.

Introduzione

Gli atleti che partecipano alle Olimpiadi corrono e nuotano sempre più veloci, anche se con il passare del tempo diventa sempre più arduo battere i vecchi record.

Lo stesso può dirsi delle particelle che girano (quasi!) alla velocità della luce negli acceleratori, questi microscopi dell'infinitamente piccolo.

Tutti capiscono le motivazioni degli atleti e degli organizzatori di Olimpiadi; le ragioni dei fisici sono invece molto meno chiare ai non esperti.

E la domanda «Ma perché accelerare le particelle?» è divenuta ancora più frequente da quando nei laboratori del CERN di Ginevra i fisici del *Large Hadron Collider* (o brevemente LHC) hanno annunciato la scoperta del *bosone di Higgs*.

È una domanda a cui cercherò di rispondere, in questo libro, partendo dalla storia di alcune importanti scoperte della fisica e dai personaggi che ne sono stati protagonisti.

Come vedremo, è una storia in cui le ricerche su aspetti fondamentali della natura – dalla struttura della materia alla genesi dell'universo – si intrecciano con applicazioni di grande valore pratico, in particolare per la diagnosi e la cura delle nostre malattie.

Microscopi subatomici, fabbriche di particelle

Il grande sviluppo degli acceleratori di particelle, dispositivi che di solito hanno forma circolare, ha avuto inizio circa ottanta anni or sono.

Inizialmente, per qualche decennio, li si è usati per studiare la struttura della materia: le particelle veloci, una volta accelerate, erano indirizzate contro un bersaglio, per esempio un piccolo pezzo di metallo. Osservando i prodotti dell'urto si ottenevano informazioni sulla struttura dei nuclei atomici della materia bombardata. Era un po' come esplorare il contenuto di una stanza buia lanciando al suo interno molte palline e osservandone i rimbalzi.

Successivamente l'attenzione dei fisici si è rivolta alle nuove particelle prodotte nell'urto tra una particella veloce e un nucleo atomico. Infatti l'energia si può trasformare in massa, come previsto dalla relazione $E = mc^2$ scoperta da Einstein, e l'energia liberata nella collisione dà spesso luogo alla creazione di particelle che prima non esistevano. Queste particelle instabili, che sopravvivono per meno di un milionesimo di secondo dopo l'urto, non si trovano nella materia di cui è fatto il mondo intorno a noi e possono essere studiate soltanto se le si produce artificialmente con un acceleratore.

Dunque gli acceleratori, oltre a essere i «microscopi» del mondo subatomico (cioè del nucleo e di ciò che esiste all'interno del nucleo), possono essere anche visti come «fabbriche» di quelle particelle che – avendo massa e quindi energia maggiore delle particelle di cui è fatta la materia ordinaria – sono instabili e rapidissimamente *decadono* trasformandosi nelle usuali particelle stabili.

Ma perché i fisici si interessano all'effimera esistenza di particelle che sono tanto difficili da produrre e da osservare?

Perché vogliono interpretare l'immagine della figura 1. Non si tratta di un'immagine qualsiasi: si può dire anzi che sia la più antica «fotografia» che abbiamo dell'universo. Vediamo di capire meglio perché.

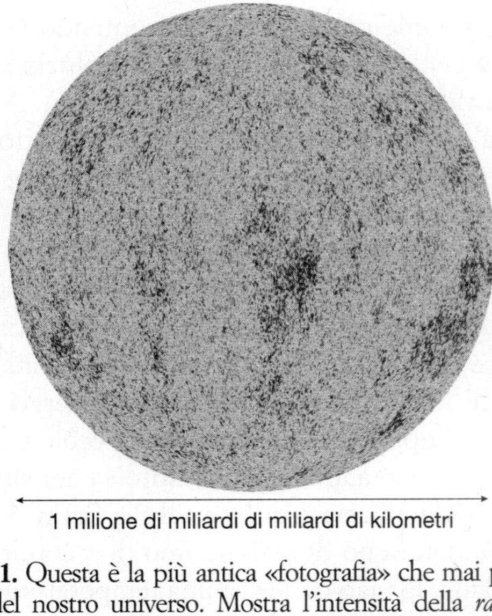

Figura 1. Questa è la più antica «fotografia» che mai potremo avere del nostro universo. Mostra l'intensità della *radiazione fossile* misurata nel 2013 dalla sonda spaziale Planck dell'Agenzia Spaziale Europea (ESA). Le microonde risalgono a circa 380000 anni dopo il Big Bang, cioè all'epoca in cui il cosmo è diventato trasparente alle onde elettromagnetiche. Le gradazioni di grigio rappresentano minuscole fluttuazioni di temperatura.

Perché non possiamo vedere il Big Bang

Quando puntiamo verso lo spazio cosmico i telescopi più potenti, osserviamo la luce proveniente da stelle della nostra galassia e da altre galassie.*

La luce emessa dalle galassie più lontane ha viaggiato per miliardi di anni prima di essere registrata dai telescopi: dunque la sua fotografia ci dice oggi come quella galassia era miliardi di anni fa; nel frattempo essa potrebbe persino essere scomparsa. Dunque le galassie lontane sono le più vecchie e quelle vicine le più giovani; confrontando le immagini, perciò, è possibile studiare l'evoluzione delle galassie nel tempo.

Ma c'è di più: nel secolo scorso si è scoperto che le galassie si allontanano tutte le une dalle altre, e questa osservazione indica che lo spazio stesso si sta espandendo; è come se le galassie fossero coriandoli appiccicati sulla superficie di un palloncino che si sta gonfiando. Estrapolando all'indietro questo movimento, come se il palloncino si sgonfiasse, si può affermare che circa 14 miliardi di anni fa tutta l'energia dell'universo occupava un volume molto piccolo e la temperatura della materia che lo costituiva era altissima: questo era l'universo prodotto nel Big Bang.

Un milionesimo di milionesimo di secondo dopo il Big Bang, la materia aveva una temperatura di mi-

* A occhio nudo vediamo soltanto qualche migliaio di stelle della nostra galassia, che in realtà ne contiene ben cento miliardi; e sebbene le altre galassie siano numerosissime, possiamo a malapena distinguere Andromeda, la più vicina.

lioni di miliardi di gradi. Poi però, con il passare del tempo e con l'espansione dello spazio, la temperatura è gradualmente diminuita fino a raggiungere il valore che oggi si misura nello spazio cosmico: –270 gradi Celsius, cioè 3 kelvin.**

Naturalmente vi sono punti dell'universo in cui le temperature sono alte ancora oggi: la fotosfera del Sole per esempio è a circa 6000 kelvin, e nell'interno della nostra stella si raggiungono i 10 milioni di gradi. I freddissimi 3 kelvin si misurano invece nello spazio che separa le galassie, dove il contributo della luce emessa dalle stelle è trascurabile.

Fino a temperature di qualche migliaio di kelvin la materia è solida o liquida o gassosa, così come la conosciamo sulla Terra. Quando la si riscalda ulteriormente si incomincia a produrre il quarto stato della materia, il cosidetto *plasma atomico*: le continue e violente collisioni tra gli atomi strappano alcuni elettroni dai nuclei intorno a cui normalmente orbitano.

Aumentare la temperatura vuol dire infatti aumentare in proporzione l'energia con cui gli atomi della materia continuamente si urtano, in quella danza sfrenata e scoordinata che i fisici chiamano *agitazione termica*. A diecimila gradi gli urti fanno distaccare soltanto gli elettroni degli atomi più leggeri, come l'idrogeno e l'elio; per strappare gli elettroni che ruotano vicino ai nuclei di atomi pesanti come il ferro bisogna superare invece il milione di gradi.

** I fisici preferiscono usare come riferimento la minima temperatura possibile, zero kelvin o 0 K, che è pari a –273 °C.

In ogni modo sopra i 10000 gradi una frazione significativa del plasma è fatta di particelle elettricamente cariche, in particolare di elettroni negativi liberi e di residui atomici elettricamente positivi, in quanto privati di uno o più elettroni, che sono detti *ioni*.

Queste cariche elettriche assorbono immediatamente i pacchetti di energia luminosa, o *fotoni*, che sono continuamente emessi dagli atomi e dagli ioni stessi: un plasma atomico è quindi opaco alla luce, proprio come una lastra di ferro.[***]

Perciò la «zuppa primordiale» di particelle – che poco dopo il Big Bang si trovava a miliardi di miliardi di miliardi di gradi – espandendosi si è raffreddata, ma è rimasta opaca alla luce fino a quando la temperatura non è scesa al di sotto dei diecimila gradi.

Le teorie sulla nascita dell'universo sono dette *modelli cosmogonici* e sono oggi sostenute da numerose misure di precisione. I modelli ci dicono che soltanto a partire da 380000 anni dopo il Big Bang – quando il cosmo era circa mille volte più piccolo rispetto a ora – tutto l'universo è divenuto in brevissimo tempo trasparente. Quando la temperatura è scesa ai valori dell'attuale fotosfera del Sole, il cosmo è divenuto sorgente di un'intensissima luce bianca, i cui fotoni hanno incominciato a viaggiare in ogni direzione alla velocità della luce.

*** Il ferro è opaco alla luce perché due tra i 26 elettroni di ogni atomo di Fe si muovono liberamente nel metallo, e perciò «divorano» ogni fotone che vi penetra. Il vetro invece è trasparente perché tutti gli elettroni sono attaccati ai loro atomi.

La luce emessa *prima* di quell'istante, assorbita dalla zuppa cosmica primordiale, non potrà mai raggiungere i nostri strumenti, per quanto sensibili essi siano.

La radiazione fossile

Quando osserviamo l'universo, dunque, oggi possiamo vedere quei fotoni che sono stati prodotti 380 000 anni dopo il Big Bang, in una sottilissima buccia sferica che oggi è all'enorme distanza da noi indicata nella figura 1. L'immagine rappresenta proprio questa sfera, al centro della quale si trova la sonda spaziale Planck che ha scattato la foto.

Ma nel loro lungo cammino quei pacchetti di onde elettromagnetiche sono cambiati: l'espansione continua dello spazio, che ha fatto aumentare di mille volte le dimensioni dell'universo visibile, ha distanziato tra loro anche le creste delle onde, che sono diventate mille volte più lunghe.

E così i fotoni della luce bianca iniziale, che avevano una lunghezza d'onda di poco meno di un milionesimo di metro, ci giungono ora con una lunghezza d'onda di circa un millimetro: sono *microonde* invece che luce visibile.

L'immagine della figura 1 è stata quindi ottenuta osservando con strumenti sensibili alle microonde proprio questa *radiazione di fondo* che proviene da ogni parte del cielo.

La lunghezza d'onda media è praticamente la stessa ovunque si guardi, e coincide con quella che si misurerebbe sulla Terra all'interno di un recipiente vuoto mantenuto a 3 kelvin, cioè a –270 gradi centigradi.

Lo spazio cosmico che separa le galassie è quindi percorso in ogni direzione da una radiazione che è un «fossile» di un'epoca remota: 380 000 anni dopo il Big Bang era alla temperatura di 3000 gradi, mentre ora è molto, molto fredda e uniforme.

Questa uniformità non è però assoluta. In alcune porzioni di cielo la temperatura della radiazione di fondo supera di qualche centomillesimo di grado il valore medio, mentre in altre parti sta qualche centomillesimo di grado sotto la media: nella figura 1 queste zone sono rappresentate in gradazioni diverse di grigio.

Le zone più fredde erano anche quelle che avevano densità maggiore: l'attrazione gravitazionale era maggiore, perciò qui hanno avuto origine le prime stelle e le prime galassie, che hanno cominciato a formarsi qualche centinaio di milioni di anni dopo il Big Bang; la loro luce ha impiegato quasi 14 miliardi di anni per arrivare fino alla Terra.

Una macchina del tempo

Anche se i nostri posteri osserveranno la volta celeste con strumenti avanzatissimi, in grado di rivelare con sensibilità sempre maggiore onde elettromagnetiche di qualsiasi lunghezza d'onda, essi non riusciranno comunque a «vedere» ciò che accadde prima di 380 000 anni dal Big Bang.

Lo impedisce – e sempre lo impedirà – l'opacità della zuppa di particelle, che assorbiva tutti i fotoni quando si trovava a temperature maggiori di qualche migliaio di gradi.

Ma i fisici non si arrendono facilmente, e da tre decenni hanno scelto l'unica strada possibile per sormontare questa difficoltà: costruire modelli.

Questi modelli si basano sullo studio sperimentale delle reazioni che avvenivano tra le particelle nei primi 380 000 anni di vita del cosmo. E gli esperimenti si effettuano proprio con gli acceleratori di particelle, apparecchiature in cui si fanno scontrare granuli di materia dopo averli portati a velocità prossime a quella della luce.

Grazie all'equivalenza di Einstein tra energia e massa, in un acceleratore le collisioni permettono di creare nuove particelle (a patto che queste abbiano massa inferiore all'energia complessiva delle particelle che collidono) e di osservarne il successivo *decadimento*, cioè il processo che le porta a trasformarsi di nuovo in particelle ordinarie.

Se si usa un acceleratore più potente, si può osservare la creazione e il decadimento di particelle che nell'universo primordiale esistevano quando la temperatura era più alta.

In altre parole, acceleratori sempre più potenti permettono di riprodurre in laboratorio ciò che è accaduto sempre più indietro nel tempo.

Gli acceleratori non sono quindi soltanto microscopi subatomici e fabbriche di particelle instabili: sono anche «macchine del tempo».

Quando cinquant'anni fa, da poco arrivato al CERN, ho dato il mio primo, piccolo contributo a questi studi, le energie liberate nelle collisioni erano dell'ordine del GeV, cioè del miliardo di elettronvolt. Oggi sappiamo che tali energie erano caratteristiche delle collisioni che accadevano *un milionesimo di secondo* dopo il Big Bang.

Alla fine del 2000 il gruppo che coordinavo presso l'acceleratore LEP (*Large Electron Positron collider*), al CERN di Ginevra, raccoglieva dati su collisioni a 200 GeV.

Un aumento di cento volte nell'energia ci fa risalire all'indietro nel tempo di un fattore $100^2 = 10\,000$: grazie al LEP abbiamo così potuto comprendere in dettaglio che cosa accadeva appena *un decimillesimo di milionesimo di secondo* dopo il Big Bang.

Queste conoscenze, unite a ciò che si sapeva dagli studi sperimentali fatti a energie inferiori e ad alcuni nuovi e importanti sviluppi della teoria, hanno consentito di formulare un modello matematico che rende ragione anche dei dati osservativi contenuti nella figura 1, che come abbiamo visto risalgono a 380 000 anni dopo il Big Bang.

Ma vorremmo saperne di più, esplorare tempi ancora più remoti, prima dei 10^{-10} secondi, per cercare conferme alle intuizioni teoriche e avvicinarci sempre più all'istante in cui tutto ebbe inizio.

Il nuovo acceleratore LHC del CERN ci ha consentito di fare un ulteriore passo indietro nel tempo di un fattore 100, fino al *milionesimo di milionesimo di secondo* dal Big Bang.

Dalla cosmologia alla medicina

Sono passati più di cento anni da quando la scoperta dei raggi X – resa possibile da uno dei più sofisticati acceleratori di particelle disponibili all'epoca – ha dato inizio alla fisica moderna.

Nei prossimi capitoli ripercorreremo i principali eventi che in seguito a quella scoperta hanno portato allo sviluppo di acceleratori sempre più potenti e conosceremo la personalità di alcuni tra gli scienziati che, curiosi di capire la struttura degli atomi e del loro nucleo, hanno inventato, sviluppato e utilizzato queste macchine.

L'affascinante storia degli acceleratori ci conduce fino alla recente osservazione della nuova particella chiamata *bosone di Higgs* e alle attuali frontiere della *fisica delle alte energie*, che LHC – il nuovo straordinario apparato del CERN – permetterà di esplorare.

Vedremo anche che gli acceleratori di particelle, inventati e usati per la ricerca pura nel campo della fisica fondamentale, si sono poi rivelati preziosi anche in medicina, rendendo possibile la realizzazione di nuove tecniche per la diagnosi e la cura di numerose malattie.

Si tratta di un esempio interessante che illustra un fatto del tutto generale: gli strumenti sviluppati dai fisici per la ricerca fondamentale hanno trovato – e troveranno sempre, ne sono convinto – applicazioni pratiche che vanno ben al di là delle intenzioni dei loro creatori e che, magari a lungo termine, portano benefici a tutti i cittadini.

Route W. ROENTGEN

CAPITOLO 1

I primi cinquant'anni

Nevicava fitto quando, all'inizio del 1960, varcai per la prima volta i cancelli del CERN, allora sempre aperti e praticamente incustoditi. La strada – che da Ginevra portava al paesino di Meyrin, dove sorge tuttora il centro di ricerca – era molto stretta e poco trafficata. I laboratori e gli studi, costruiti con i criteri architettonici dell'epoca, erano armoniosi e odoravano di legno e di caffé.

Oggi quella strada è sovente bloccata dal traffico, nonostante le molte corsie e le rotaie su cui viaggiano lunghissimi tram l'abbiano decisamente migliorata, mentre sulla maggior parte del sito edifici grandi e piccoli si ammassano disordinatamente. Quando li costeggio in auto per raggiungere i laboratori e gli uffici occupati dalla Fondazione TERA – creata venti anni fa per promuovere la ricerca sulle terapie dei tumori mediante adroni – li riconosco uno ad uno come vecchi parenti un po' scombinati, legati tra loro da una rete di nomi, anch'essi distribuiti a caso.

Le strade del CERN si chiamano infatti come i grandi fisici del passato e percorrerle vuol dire rivisitare in modo inusuale la storia della fisica, saltando da un secolo all'altro, da una grande scoperta scientifica a un'invenzione che ha cambiato la storia dell'umanità.

Questo racconto parte proprio dal main building *del CERN, l'edificio originario progettato dagli architetti Peter e Rudolf Steiger, che ospita il grande auditorium, l'ufficio postale, la banca, il ristorante principale, l'edicola e l'agenzia di viaggi. Lasciandoci alle spalle le vetrate del ristorante – da cui nei giorni di bel tempo si vede la vetta del Monte Bianco – scendiamo lungo via Marie Curie, costeggiando la foresteria. Via Röntgen si apre sulla destra, in prossimità di uno degli ingressi secondari del CERN; oltre la recinzione finisce il mondo della fisica e si stendono lunghi filari di viti.*

Una radiazione misteriosa

La fisica di cui parleremo è nata la sera di venerdì 9 novembre 1895, quando la signora Röntgen vide la cena raffreddarsi perché suo marito non saliva dal laboratorio, sistemato al piano inferiore della casa messa a disposizione del professore dall'Università di Würzburg.

Quel giorno Wilhelm Röntgen aveva infatti osservato un fenomeno sfuggito a molti suoi colleghi, che utilizzavano da anni gli stessi strumenti: gli elettroni, accelerati da una tensione di una decina di migliaia di volt, producono una nuova radiazione molto penetrante quando colpiscono il fondo di un tubo di vetro.

La nuova radiazione – misteriosa, tanto che lo scopritore la chiamò «raggi X» – era elettricamente neutra, ben diversa dunque da un fascetto di elettroni (che è carico negativamente, perché ogni elettrone porta una carica elementare negativa).

Le particelle dei raggi X, come si scoprì in seguito, sono infatti «pacchetti» di energia elettromagnetica simili ai *fotoni* che costituiscono ogni fascio di luce.

Ma un fotone di Röntgen trasporta mille volte più energia di un fotone della luce ed è perciò molto più penetrante quando incontra la materia.

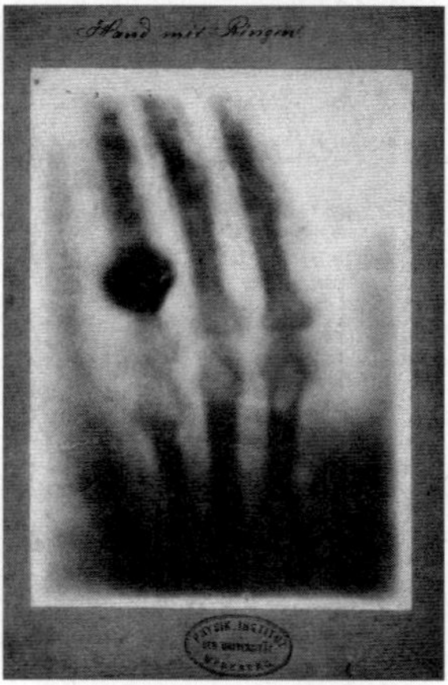

La signora Röntgen poté constatarlo quando vide le ossa della propria mano sinistra, con l'anello che portava al dito, su una lastra fotografica appena sviluppata dal marito.

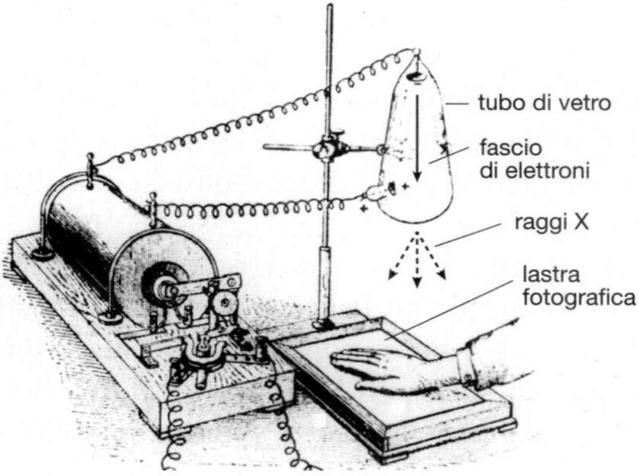

Figura 2. L'apparato usato per la prima radiografia della storia, il 22 dicembre 1895. L'esposizione fu lunga: la signora Röntgen dovette tenere immobile la mano per 15 minuti.

L'acceleratore di Röntgen

Wilhelm Conrad Röntgen, nato in Olanda nel 1845, era alto, riservato, quasi timido, ma di carattere allegro e la coppia fu sempre legata da un grande amore, reso più forte dalla comune passione per la vela e la montagna. Come scienziato, egli preferiva lavorare da solo, costruendo da sé gli strumenti necessari in modo da non aver veramente bisogno di un tecnico assistente, e così fece anche nell'Università di Würzburg, dove fu chiamato a quarantatré anni come direttore del nuovo Istituto di fisica.

L'8 novembre del 1895 Röntgen iniziò una serie di esperimenti nei quali un fascetto di elettroni, accelerato da un potenziale di circa 20 000 volt in un tubo di vetro vuotato dell'aria, colpiva il fondo del recipiente, coperto all'esterno da un cartoncino nero.

Si trattava quindi di un *acceleratore elettrostatico*, in cui le particelle cariche sono accelerate dal campo elettrico costante prodotto tra due elettrodi. Sotto l'azione del potenziale gli elettroni acquistavano un'energia per quell'epoca molto elevata: 20 000 elettronvolt.*

Nell'oscurità Röntgen osservò per caso un luccichìo provenire da un banco a un metro di distanza, dove era posato un foglio fluorescente di platinocianuro di bario: sul foglio appariva una fievole luminescenza ogni qualvolta gli elettroni venivano accelerati.

*1 eV (elettronvolt) è l'energia che un elettrone acquista quando viene accelerato dalla tensione di 1 volt

Fatte alcune prove, in pochi minuti Röntgen concluse che una radiazione sconosciuta, capace di attraversare il cartoncino nero, veniva emessa nel punto in cui gli elettroni colpivano il vetro. Questi «raggi X» attraversavano un blocco di legno, erano fermati da uno spessore di 15 millimetri di piombo e producevano su una lastra fotografica un'immagine mai vista prima delle ossa della sua mano.

La rapidità con cui Röntgen giunse a queste conclusioni è frutto delle sue capacità di sperimentatore. A proposito della prima volta che vide nel buio l'inatteso luccichìo, un giornalista gli chiese: «E che cosa pensò?». Röntgen rispose: «Non pensai; investigai».

La scoperta della possibilità di «fotografare l'invisibile» ebbe un'eco enorme. Entro poche settimane i tubi a raggi X si diffusero nei laboratori di tutto il mondo come strumenti per diagnosticare malattie e malformazioni.

Il 13 gennaio del 1896 l'Imperatore Guglielmo II invitò Röntgen a Berlino, per essere informato subito e di prima mano.

In quello stesso anno, apparvero più di mille articoli scientifici e 50 libri sull'uso dei nuovi raggi; già in gennaio essi furono utilizzati a Vienna con lo scopo di distruggere un tumore della pelle.

Nelle pubblicazioni popolari si diffuse la leggenda metropolitana degli «occhiali a raggi X», e sui giornali inglesi apparvero le pubblicità di indumenti intimi per signora a prova di raggi X. Nel 1901 Röntgen fu scelto, fra dodici illustri candidati, per ricevere l'appena istituito premio Nobel per la fisica.

Figura 3. Wilhelm Conrad Röntgen al tempo della scoperta dei raggi X. L'unico giornalista che riuscí a intervistarlo abbastanza a lungo scrisse: «È alto e snello, con una figura che sprizza entusiasmo ed energia. I capelli, lunghi e neri, erano dritti sul capo come se fossero permanentemente elettrizzati dal suo entusiasmo».

Nel 1895 l'apparato sperimentale di Wilhelm Röntgen era simile a quelli allora disponibili in una dozzina di laboratori, per lo più europei. Egli fu però il primo a usare tale strumento come *acceleratore a bersaglio fisso*, una tecnica che ancora oggi è utilizzata in molti acceleratori di particelle.

Röntgen aveva infatti scoperto che gli elettroni accelerati – i proiettili subatomici – quando colpiscono gli atomi del vetro – bersagli fermi – creano, a spese della propria energia, una radiazione sino ad allora sconosciuta.

Si capì poi che questa radiazione è costituita di pacchetti di energia elettromagnetica, simili ai fotoni della luce visibile ma, come detto, mille volte più energetici. Questi fotoni di alta energia, diversamente dai fotoni visibili, penetrano nella materia e per questo furono immediatamente utilizzati per la diagnostica e per la terapia dei tumori.

Più tardiva fu la scoperta della loro utilità in astronomia, quando negli anni Sessanta, con l'avvento dei satelliti artificiali, fu possibile la rivelazione dei raggi X provenienti dal cosmo (e normalmente filtrati dall'atmosfera terrestre): nuovi fenomeni astrofisici e nuovi corpi celesti divennero allora visibili e nacque l'astronomia a raggi X.

Ma le ricerche di Röntgen segnarono soprattutto l'inizio della fisica fatta con gli acceleratori.

La scoperta dei raggi X ha dunque dato origine a due percorsi scientifici e tecnologici diversi che in cento anni, evolvendo parallelamente e incrociandosi innumerevoli volte, hanno da un lato cambiato la nostra visione del mondo fisico, in particolare del cosmo; dall'altro, hanno contribuito alla sopravvivenza e al miglioramento della qualità di vita di centinaia di milioni di persone malate.

A questi due vasti campi di ricerca, che prendono oggi il nome di «fisica cosmoparticellare» e di «fisica medica delle radiazioni», ho dedicato buona parte della mia vita professionale. Il primo argomento è trattato nei capitoli che vanno dal terzo al quinto; della fisica medica parlerò invece nel sesto capitolo.

Per tracciare entrambi questi percorsi ho scelto come filo conduttore lo sviluppo degli acceleratori di particelle, che in centoventi anni sono passati dai venti centimetri di lunghezza del tubo a vuoto di Röntgen ai 27 kilometri del Large Hadron Collider (LHC), che al CERN accelera protoni fino a un'energia che è un miliardo di volte maggiore di quella degli elettroni di Röntgen.

Questo capitolo racconta la prima parte della storia di tale impressionante progresso.

Le prime reazioni nucleari

Agli inizi del ventesimo secolo tutti i laboratori e moltissimi ospedali avevano acceleratori di elettroni simili a quello di Röntgen.

L'interesse per gli acceleratori che utilizzavano *protoni* nacque invece negli anni Venti, dopo la scoperta della prima reazione nucleare fatta da Ernest Rutherford nel 1919, al Cavendish Laboratory di Cambridge.

Rutherford aveva inviato contro un bersaglio di azoto gassoso un fascetto di *particelle alfa* – nuclei di elio emessi da una sorgente radioattiva naturale – con un'energia di 5 milioni di elettronvolt (5 MeV) e aveva osservato la produzione di un nucleo di ossigeno e di un protone.

Nella collisione era accaduta una *reazione nucleare* che, con i simboli odierni, si scrive così:

$$^{4}_{2}\mathrm{He} + {}^{13}_{7}\mathrm{N} \rightarrow {}^{16}_{8}\mathrm{O} + {}^{1}_{1}\mathrm{H}$$

Questa formula esprime il fatto che è possibile trasformare un nucleo di azoto (simbolo N) in un nucleo di ossigeno (simbolo O).

Si realizzava così, come fu subito detto, il sogno degli alchimisti: quello di trasformare un elemento chimico in un altro.

Per capire i numeretti che nella formula accompagnano i simboli degli elementi chimici, bisogna ricordare che un nucleo è fatto di protoni (elettricamente positivi) e di neutroni (elettricamente neutri); neutroni e protoni sono detti collettivamente *nucleoni*.

Il nucleo di idrogeno (simbolo H) è fatto di un solo protone, è il più semplice di tutti ed è indicato con il simbolo ^1_1H.

Dalla formula si legge anche che il nucleo di ossigeno, che è prodotto nella reazione, è fatto di 16 nucleoni, di cui 8 sono protoni e 8 neutroni.

Il proiettile che causa la reazione è il nucleo di elio ^4_2He, fatto di 4 nucleoni di cui 2 sono protoni: esso viene emesso dalle sostanze radioattive, come il radio e l'uranio, e qualche anno prima era stato battezzato da Rutherford *particella alfa*.

Non a caso fu Rutherford a fare questa scoperta. Figlio di un contadino scozzese emigrato in Nuova Zelanda, e quarto di dodici fratelli, era già noto all'inizio del Novecento per i suoi studi sulla radioattività naturale. Aveva infatti scoperto che essa non è un fenomeno molecolare, ma ha origine dalla disgregazione dei singoli atomi, e che un nucleo soggetto a decadimento spontaneo *trasmuta* nel nucleo di un elemento diverso.

Per tali ricerche Rutherford vinse nel 1908 il premio Nobel per la chimica (e affermò, con il suo abituale humour, di essere meravigliato della propria improvvisa «trasmutazione da fisico a chimico»).

Fu all'Università di Manchester, dove era stato chiamato nel 1907 con lo stipendio di professore allora più alto al mondo, che Rutherford formulò il modello atomico destinato a renderlo famoso.

Sotto la sua guida, Hans Geiger e Ernest Marsden inviarono un fascetto di particelle alfa su un sottile fogliolino d'oro e osservarono che, mentre la maggior parte di queste particelle attraversava il bersaglio senza deviare, alcune erano deflesse, seppur di poco, mentre pochissime altre – una su diecimila – erano diffuse addirittura ad angoli maggiori di 90°, cioè all'indietro (figura 4).

Fu un'enorme sorpresa: come disse poi Rutherford, era come sparare una cannonata contro un foglio di carta velina e veder rimbalzare indietro il proiettile! Egli stesso racconta: «Feci il calcolo e vidi che era impossibile ottenere qualcosa del genere, a meno che la maggior parte della massa dell'atomo non fosse concentrata in un nucleo molto piccolo».

Nacque così, nel 1911, il modello dell'atomo di Rutherford, fatto come un sistema planetario in miniatura, il cui Sole è il nucleo di carica positiva – costituito, come si scoprì negli anni successivi, di protoni e neutroni – e i cui pianeti sono gli elettroni negativi. La massa è tutta nel nucleo, perchè il numero di elettroni è sì uguale al numero di protoni, ma la massa di un elettrone è duemila volte più piccola della massa di un protone.

Nell'esperimento di Rutherford quasi tutte le particelle alfa attraversano lo spazio vuoto e le rarefatte nuvole elettroniche tra i nuclei senza deviare, ma qualcuna collide con la compatta carica nucleare, tornando indietro.

L'esperimento di Rutherford è il prototipo di molti degli esperimenti *a bersaglio fisso* realizzati ancora oggi con gli acceleratori di particelle. In questo tipo di esperimenti un fascio di particelle viene diretto contro un bersaglio materiale, attraversando

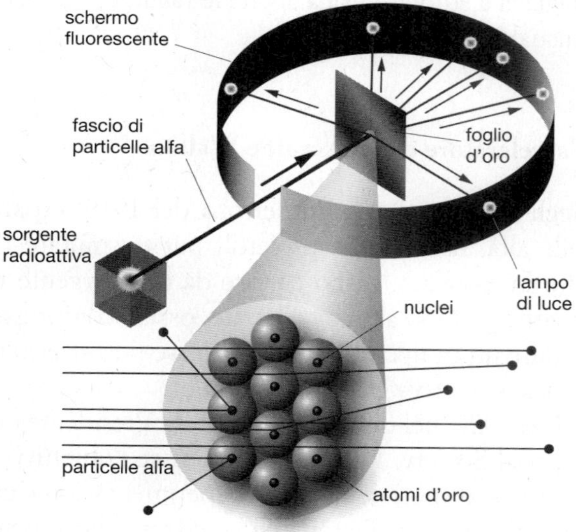

Figura 4. Alcune tra le particelle alfa che collidono con gli atomi di un fogliolino d'oro sono deflesse a grandi angoli. Rutherford, a destra nella foto con Hans Geiger, ne dedusse che al centro dell'atomo vi è un piccolissimo nucleo di carica positiva in cui si concentra quasi tutta la massa. Gli elettroni, molto più leggeri e di carica negativa, ruotano intorno al nucleo per azione della forza elettrica attrattiva.

il quale le particelle veloci colpiscono i nuclei degli atomi. Osservando le particelle «finali» in allontanamento dal bersaglio, si possono studiare i fenomeni che accadono durante il brevissimo tempo della collisione.

Ernest Rutherford era grande e grosso e incuteva soggezione, anche per la sua voce roboante. Ma nonostante le apparenze e l'aura che lo circondava, era un uomo semplice e generoso; tra l'altro incoraggiava a studiare fisica anche le ragazze, cosa assai inusuale per quell'epoca.

L'acceleratore di Cockcroft e Walton

Negli esperimenti di Rutherford del 1919 le particelle alfa, usate come proiettili per trasmutare l'azoto in ossigeno, erano emesse da una sorgente radioattiva. Dopo averle collimate, ossia «compresse» tramite un campo elettrico a formare uno stretto fascio, le si inviava contro un bersaglio.

Nel 1927, nel discorso annuale da Presidente della Royal Society, Rutherford descrisse l'obiettivo di «avere a disposizione per la sperimentazione una sorgente copiosa di atomi e di elettroni che abbiano energia di gran lunga maggiore di quella delle particelle alfa, in modo da sviluppare un campo di ricerca straordinariamente interessante».

Prende così forma l'idea che, per indagare più a fondo la materia, sia necessario accelerare sempre di più le particelle, aumentandone in tal modo l'energia.

Non sorprende quindi che alla fine del 1928 John Cockcroft, studente di Rutherford, gli scrivesse per chiedere all'Università di Cambridge un finanziamento di mille sterline, per costruire un nuovo tipo di acceleratore elettrostatico nel Cavendish Laboratory.

La richiesta fu accettata e per circa tre anni Cockcroft lavorò con Ernest Walton, un altro studente di Rutherford, allo sviluppo di diversi tipi di acceleratori elettrostatici.

Finalmente nel 1932 costruirono il primo acceleratore «Cockcroft & Walton» e poterono osservare la prima trasformazione nucleare prodotta da un fascio di protoni accelerati artificialmente.

Per misurare la differenza rispetto ai nostri tempi, nei quali la ricerca in fisica è frutto di grandi collaborazioni internazionali che si muovono su periodi lunghi, basta citare l'esempio del Large Hadron Collider del CERN.

Il primo progetto dell'LHC fu presentato infatti dall'ingegnere italiano Giorgio Brianti e dai suoi collaboratori in un convegno tenutosi a Losanna nel 1984. La realizzazione dell'LHC fu approvata nel 1994 per un investimento di circa 3 miliardi di euro e le prime collisioni sono avvenute nel 2009, venticinque anni dopo la prima proposta!

Il progetto di Cockcroft del 1928 prevedeva di accelerare *artificialmente* nuclei di idrogeno ${}^{1}_{1}H$ (cioè protoni) contro un bersaglio, per produrre una reazione nucleare simile a quella di Rutherford.

Il problema era stabilire quanta energia occorresse a un nucleo d'idrogeno per poter penetrare un

Figura 5. Nella trasmutazione nucleare osservata nel 1919 da Rutherford (al centro della foto) i 4 nucleoni del nucleo di elio (particella alfa) e i 13 nucleoni del nucleo di azoto si riarrangiano a formare i nuclei di idrogeno (1 nucleone) e di ossigeno (16 nucleoni). Nel 1932 i giovani allievi John Cockcroft (a destra nella foto) ed Ernest Walton osservarono la prima trasformazione nucleare prodotta da protoni accelerati artificialmente, anziché da particelle alfa emesse naturalmente da una sostanza radioattiva.

nucleo bersaglio e produrre la reazione. Anche il nucleo bersaglio infatti è positivo, perciò respinge il protone in avvicinamento.

Cockcroft pensò d'usare come bersaglio un nucleo leggero – il litio, fatto di tre protoni e quattro neutroni – in modo da ridurre la repulsione con il nucleo d'idrogeno. Anche in questo caso, però, l'energia minima necessaria dal punto di vista della fisica classica è altissima: per produrre la reazione il protone proiettile dovrebbe avere energia pari ad almeno qualche milione di elettronvolt, un valore praticamente irraggiungibile ai tempi di Cockcroft. In suo aiuto venne la nuova *fisica quantistica*, completata l'anno precedente (1927).

Dal punto di vista della nuova teoria, infatti, un protone può penetrare un nucleo bersaglio anche se la sua energia è molto inferiore a quella necessaria, in virtù delle fluttuazioni energetiche permesse – come vedremo tra poco – dal «principio di indeterminazione», purché la collisione avvenga in un tempo sufficientemente breve.

È come se facendo rimbalzare una pallina da ping pong contro una parete di cemento armato esistesse una probabilità diversa da zero che la pallina attraversi il muro, purché il tempo di attraversamento sia brevissimo (questo fenomeno prende il nome di *effetto tunnel*).

Su queste basi teoriche Cockcroft calcolò che sarebbe bastata una differenza di potenziale di 200 000 volt, e quindi un'energia di 200 000 elettronvolt (dato che un protone ha la stessa carica di un elettrone, ma positiva) perché un protone avesse probabilità diversa da zero di penetrare in un nucleo di litio.

Il ragionamento era giusto e nel 1932 Cockcroft e Walton osservarono la prima reazione nucleare prodotta in un acceleratore di particelle. Per i loro risultati sperimentali, nel 1951 i due ricercatori ricevettero il premio Nobel per la fisica.

Figura 6. Ernest Walton è seduto nel piccolo capanno dove venivano fatte le misure.

Massa ed energia nel mondo subatomico

Negli anni Venti il piccolo mondo universitario della fisica aveva una base di conoscenze in comune ma, nelle attività di ricerca, era diviso in due ristrette comunità dedite a comprendere sistemi fisici molto diversi: da un lato i nuclei, dall'altro gli atomi.

Le basi comuni erano la teoria della relatività e la cognizione che l'energia è trasportata dalla luce, e dalle altre onde elettromagnetiche, sotto forma di quegli indivisibili pacchetti di energia a cui – soltanto nel 1926 – fu dato il nome di «fotoni».

La principale conseguenza della teoria della relatività ristretta, formulata da Einstein nel 1905, è l'*equivalenza tra massa ed energia*, che è espressa dall'equazione $E=mc^2$, tanto famosa da essere l'unica formula autorizzata a comparire sui quotidiani.

Essa esprime il fatto che l'energia di un corpo fermo si ottiene moltiplicando la sua massa per il quadrato della velocità della luce c, che vale ben 300 000 kilometri al secondo ed è la *massima velocità* a cui può viaggiare qualsiasi segnale.

Il valore di c^2 è talmente grande che per produrre 3000 kilowattora (l'energia elettrica che una famiglia media usa in un anno) basta che scompaia una quantità di materia pari a un centesimo di milligrammo.

Quando un corpo è fermo, l'energia E, calcolata con la relazione di Einstein, è la sua «energia di riposo».

Quando il corpo è in movimento, la sua energia E è maggiore della sua massa m. Se a questa energia

– talvolta detta «totale» – si sottrae la massa (cioè la sua energia di riposo), si ottiene quell'eccesso di energia che è dovuto al movimento e che prende il nome di «energia cinetica».

Nella descrizione dei fenomeni del mondo subatomico i fisici scelgono di solito come unità di misura dell'energia il GeV o «gigaelettronvolt», cioè un miliardo di elettronvolt.

1 GeV è circa pari all'energia necessaria per sollevare di un centesimo di millimetro due milligrammi di materia sulla superficie terrestre.

È una quantità molto piccola nella nostra esperienza quotidiana, ma molto grande se associata a una singola particella subatomica; basti pensare che in quei due milligrammi di materia ci sono circa 10^{21} atomi!

Per i nostri scopi è preferibile tenere a mente il fatto che 1 GeV è l'energia di riposo di un protone ed è, quindi, un'unità di misura adatta alla descrizione dei fenomeni del mondo subatomico (in realtà la massa di un protone vale un poco meno, 0,938 GeV, ma nel seguito trascureremo questa differenza).

Data l'equivalenza $E = mc^2$, i fisici trovano conveniente misurare sia le energie (totali e cinetiche) sia le masse con la stessa unità, il GeV. Misurare le masse in GeV significa, in sostanza, chiamare «massa» il prodotto di m per il quadrato della velocità della luce.

Per esempio, la massa di un protone è pari a 1 GeV, uguale alla sua energia di riposo. Invece un elettrone ha una massa di 0,0005 GeV, ben duemila volte più piccola di quella di un protone. Ciò significa che, poiché l'energia può trasformarsi in massa, quando in un urto tra particelle subatomiche si crea un elettrone, bisogna sempre spendere almeno 0,0005 GeV di energia.

In realtà, come vedremo nel prossimo paragrafo, l'energia che scompare è doppia, pari a 0,001 GeV, perché un elettrone viene sempre creato insieme alla sua *antiparticella*, un antielettrone, che ha la stessa massa ma carica positiva anziché negativa.

Negli anni Venti i fisici usavano la teoria della relatività e l'equivalenza massa-energia, ma non conoscevano l'esistenza degli antielettroni.

Sapevano molto bene, invece, che la massa di un fotone – o «quanto» del campo elettromagnetico – è *nulla*. Il motivo è semplice: nessun corpo può muoversi alla velocità della luce, perché questa velocità è raggiungibile soltanto spendendo una quantità di energia infinita.

Poiché un fotone, pacchetto di energia luminosa, va alla velocità della luce, la sua massa non può che valere zero. Esso esiste in quanto trasporta energia dal punto ove è prodotto al punto ove è assorbito, ma l'energia trasportata è energia cinetica pura, senza energia di riposo. In altre parole, un fotone non è mai a riposo.

Sulla base di queste conoscenze condivise, verso la fine degli anni Venti la fisica dei nuclei era prevalentemente sperimentale, mentre quella degli atomi era materia di ricerca dei fisici teorici.

L'indeterminazione di Heisenberg

L'indiscusso leader dei fisici nucleari sperimentali era Ernest Rutherford. Sull'altro fronte i fisici teorici cercavano di capire il comportamento ambiguo degli elettroni e dei fotoni, che talvolta agiscono come particelle e tal altra come onde. Gli attori principali di queste ricerche teoriche erano molti, ma tutti guardavano a ciò che diceva e faceva il fisico danese Niels Bohr, professore a Copenhagen dopo quattro anni trascorsi lavorando con Rutherford a Manchester.

Bohr ispirava e guidava i fisici teorici europei, sebbene pubblicasse pochissimi lavori scientifici, perché era troppo critico con se stesso. L'influenza di questi due giganti della fisica è racchiusa nel nome «modello di Bohr-Rutherford» con cui ancora oggi si indica quella struttura dell'atomo fatta di un piccolissimo nucleo centrale contenente protoni positivi (scoperto da Rutherford) intorno al quale ruotano i leggerissimi elettroni negativi che percorrono soltanto alcune, e poche, orbite permesse (scoperte da Bohr).

Nel 1927 il giovane fisico tedesco Werner Heisenberg, appena ventiseienne, analizzò criticamente l'applicazione alle particelle subatomiche dei concetti di posizione, tempo ed energia.

Giunse così al *principio di indeterminazione*, che tiene conto della duplice natura corpuscolare e ondulatoria di tutte le particelle, senza usare le complicate equazioni della fisica quantistica che Bohr, Heisenberg stesso e molti loro colleghi stavano in quegli anni finendo di elaborare.

Quando in una collisione si creano nuove particelle, la somma delle loro energie totali è sempre esattamente uguale all'energia che scompare nell'urto.

Ciò significa che il principio di conservazione dell'energia, secondo il quale l'energia non si crea e non si distrugge, vale anche nel mondo atomico e subatomico. Ma Heisenberg argomentò che nel mondo subatomico vi sono eccezioni che cambiano tutto.

La versione più suggestiva di questo principio afferma che, in un qualunque sistema fisico, si può avere violazione della conservazione dell'energia *purché tale violazione avvenga per un tempo sufficientemente breve.*

Questa possibilità è conseguenza della natura «indeterministica» dei fenomeni atomici e subatomici: per il brevissimo intervallo di tempo in questione, l'energia è in realtà indeterminata e perciò la conservazione dell'energia non è veramente violata, ma soltanto elusa.

Quantitativamente il principio di indeterminazione afferma che quanto più grande è l'energia ΔE che appare, violando la legge di conservazione, tanto più breve è il tempo Δt per il quale la violazione può aver luogo, eludendo anche l'osservazione più attenta.

Il principio di Heisenberg si può quindi rappresentare con la relazione di proporzionalità inversa:

$$\Delta t = h/\Delta E,$$

dove h è la cosiddetta «costante di Planck». Se questa costante valesse zero, l'elusione della legge di conservazione dell'energia sarebbe impossibile.

Numericamente però *h* è diversa da zero, pur avendo un valore estremamente piccolo, pari a circa 10^{-34} J·s (joule moltiplicati per secondi): sulla scala delle energie e dei tempi del mondo macroscopico, *h* è dunque rappresentata dal numero 1 diviso per un 1 seguito da trentaquattro zeri.

Poiché la costante *h* è piccolissima, il principio di indeterminazione non ha effetti visibili nel mondo macroscopico, ma comincia a farsi sentire quando si scende al livello delle molecole e degli atomi, dove le energie e i tempi in gioco sono anch'essi piccoli.

Come ho già detto, nel mondo delle particelle l'unità naturale di misura dell'energia è il GeV. Qual è l'unità migliore per misurare il *tempo* subatomico? Non certamente il secondo, che è l'umanissimo intervallo di tempo che intercorre all'incirca tra due battiti del nostro cuore.

Figura 7. Niels Bohr (a destra) con Werner Heisenberg.

Poiché il diametro di un protone è 10^{-15} m (lunghezza che i fisici chiamano «fermi») è naturale scegliere come unità il tempo che la luce, viaggiando a $3 \cdot 10^8$ metri al secondo, impiega a percorrere proprio 1 fermi. Qui chiamerò «heisenberg» questo piccolissimo intervallo di tempo – pari a circa $3 \cdot 10^{-24}$ secondi – che è, in un certo senso, il battito del cuore del protone.

Usando per il tempo questa insolita unità di misura, e misurando l'energia ΔE in GeV anziché in joule (con 1 GeV = $1{,}6 \cdot 10^{-10}$ J), il principio di indeterminazione prende la forma:

$$\Delta t = 0{,}2/\Delta E.$$

Il principio ora afferma che un sistema fisico di energia totale E può, a un certo istante, avere energia $(E+1)$ GeV (cioè $\Delta E = 1$), ma soltanto per un tempo più breve di 0,2 heisenberg, cioè di $6 \cdot 10^{-25}$ secondi. Metaforicamente è come se il sistema prendesse in prestito l'energia ΔE dalla «banca di Heisenberg», ma con scadenza tanto più ravvicinata quanto maggiore è la quantità di energia prestata.

Nel 1928 il fisico teorico russo George Gamow aveva usato il principio di indeterminazione per spiegare l'emissione di particelle alfa da parte di nuclei pesanti, quali l'uranio e il radio.**

** Per spiegare al pubblico la fisica moderna, cioè la relatività e la fisica quantistica, George Gamow inventò un divertente personaggio, Mister Tompkins, che – un po' per passione e un po' perché innamorato della figlia di un professore di fisica – ascoltando e sognando familiarizza con gli aspetti più sorprendenti delle nuove ricerche scientifiche.

Proprio a seguito di alcune conversazioni con Gamow, Cockcroft usò la relazione di Heisenberg nella progettazione del suo acceleratore per convincersi del fatto che, di tanto in tanto, un protone, accelerato anche soltanto a 0,0002 GeV (200 000 elettronvolt), può penetrare in un nucleo di litio e spezzarlo in due, producendo due nuclei di elio:

$$^{1}_{1}H + ^{7}_{3}Li \rightarrow ^{4}_{2}He + ^{4}_{2}He$$

La forza repulsiva tra la carica positiva del protone ($^{1}_{1}H$) e quella del nucleo di litio ($^{7}_{3}Li$) costituisce una barriera che impedisce al protone di entrare nel nucleo, a meno che la sua energia superi qualche MeV (1 MeV è pari a un milione di eV e a un millesimo di GeV).

Se l'energia fosse rigorosamente conservata, la reazione non avrebbe mai luogo a 0,0002 GeV.

Fortunatamente invece il tempo di penetrazione nella barriera, che si calcola conoscendo la velocità del protone e le dimensioni del nucleo, è tanto breve che, grazie al principio di indeterminazione, si può eludere questa limitazione: così ogni tanto un protone penetra nel nucleo-bersaglio e dà luogo alla trasmutazione, proprio come previsto da Cockcroft e da Gamow.

Il positone e le antiparticelle

Il 1932 fu per la fisica un anno molto ricco. Oltre alla prima reazione prodotta da protoni accelerati artificialmente, esso vide la scoperta del neutrone da parte di James Chadwick (un altro allievo di Rutherford), l'accelerazione di protoni fino a un milione di elettronvolt con il ciclotrone di Ernest Lawrence e la scoperta da parte del fisico statunitense Carl Anderson del *positone* (antielettrone o elettrone positivo, in inglese *positron* e perciò talvolta chiamato *positrone*).

Si può dire che la «fisica delle particelle» sia nata proprio nel 1932, con l'osservazione – fatta da Anderson – della traccia lasciata da un positone in una camera a nebbia.***

La scoperta fu possibile perché nell'universo esistono da sempre acceleratori «naturali» che sono ben più potenti di quelli che possiamo costruire noi e, per di più, non costano nulla.

La Terra è bombardata da un flusso continuo di *raggi cosmici*, che oggi sappiamo essere prodotti da buchi neri di massa enorme e dai residui di quelle esplosioni di stelle che chiamiamo supernovæ. Per il 90% queste particelle di origine cosmica sono nuclei di idrogeno, cioè protoni, e per il 10% circa sono nuclei di elio (particelle alfa).

Poiché le energie sono molto alte, nelle collisioni con i nuclei dell'atmosfera vengono create nuove

*** Le camere a nebbia contengono vapore acqueo soprassaturo. Se una particella carica lo attraversa, gli atomi che ionizza diventano centri di condensazione per minuscole goccioline d'acqua, rendendo così osservabile come «scia» la traiettoria della particella.

particelle che, per lo più, decadono in volo, come è mostrato schematicamente nella figura 8a. I simboli e^+ ed e^- si riferiscono a positoni ed elettroni. Le particelle «gamma» (γ) sono fotoni di alta energia, simili ai pacchetti di energia luminosa ma che trasportano una quantità di energia elettromagnetica milioni o miliardi di volte maggiore. Delle particelle π, μ e ν parleremo più avanti.

Se si vogliono osservare le interazioni con l'atmosfera dei protoni provenienti dallo spazio intergalattico, è necessario andare in alta quota. A bassa quota invece si osservano le particelle secondarie, in particolare i fotoni.

Nel 1932 Anderson osservò che, al livello del mare, i fotoni dei raggi cosmici talvolta creano, collidendo con la materia, coppie di particelle che hanno esattamente la stessa massa ma cariche elettriche opposte: un elettrone, indistinguibile da un elettrone atomico, e un positone.

Nella figura 8b la camera a nebbia è immersa in un campo magnetico perpendicolare al piano del foglio. Si riconosce allora che le due particelle in basso hanno carica opposta, perché sono deflesse in verso opposto dal campo magnetico. In questo fenomeno l'energia del fotone in arrivo scompare, e la massa dell'elettrone e del positone è prodotta in accordo con la relazione di Einstein $m = E/c^2$.

L'eccitazione causata dalla scoperta di Anderson fu enorme, sebbene l'idea che in certi processi potessero generarsi nuove particelle non fosse una novità per la comunità dei fisici.

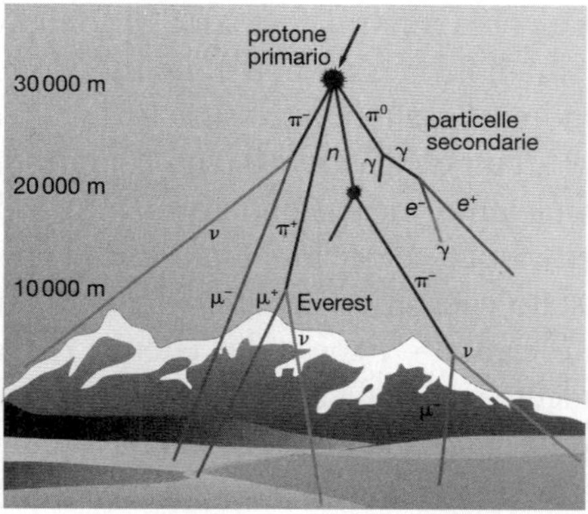

Figura 8a. Tra le particelle prodotte dalle collisioni dei raggi cosmici vi sono i fotoni di alta energia (simbolo γ).

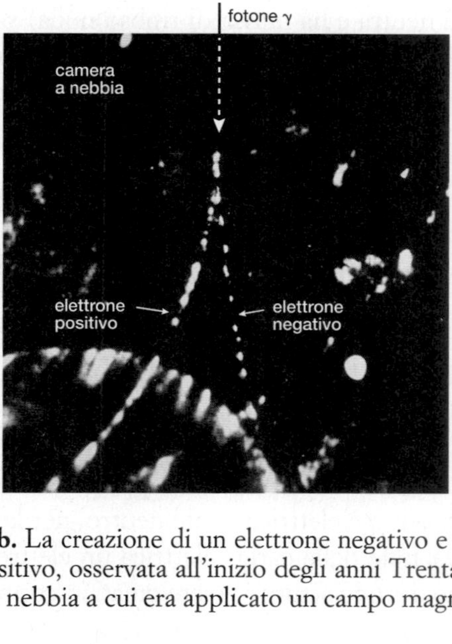

Figura 8b. La creazione di un elettrone negativo e un elettrone positivo, osservata all'inizio degli anni Trenta in una camera a nebbia a cui era applicato un campo magnetico.

Era ben nota infatti l'emissione di fotoni da parte degli atomi di neon contenuti in un tubo luminescente. Quando nel gas rarefatto passa una scarica elettrica, molti atomi del gas acquistano energia che, quasi immediatamente, riemettono sotto forma di fotoni dal caratteristico colore blu. Ogni atomo che si trova in uno stato energetico «eccitato» emette un fotone. Questo è creato – a spese dell'energia dell'atomo – nel momento stesso in cui l'atomo si diseccita.

Era quindi nota la possibilità di creare una particella neutra e *singola*, ma non una *coppia* di particelle di carica opposta e uguale massa.

Il fenomeno è descritto da un nuovo tipo di reazione di trasmutazione, in cui l'energia di una particella γ (che è neutra e ha massa di riposo nulla) si trasforma in due nuove particelle, un elettrone e un positone (che hanno uguale massa di riposo e sono cariche):

$$\gamma + \text{nucleo} \rightarrow e^- + e^+ + \text{nucleo}$$

In questo processo un fotone energetico γ interagisce con la carica di un nucleo atomico e scompare, impiegando parte della sua energia a creare le masse di un elettrone e^- e di un positone e^+.

Poiché la massa di un elettrone corrisponde a un'energia di 0,5 MeV, il quanto γ deve avere un'energia maggiore di 1 MeV per creare la coppia $e^- - e^+$. La parte di energia del fotone che supera il MeV diviene energia cinetica delle particelle appena generate. Poiché il fotone γ è elettricamente neutro, per la legge di conservazione della carica elettrica un elettrone e un positone devono sempre essere creati in coppia.

L'equazione di Dirac e l'antimateria

Due anni prima dell'osservazione sperimentale di Anderson, l'esistenza del positone era stata predetta dal fisico anglosassone Paul Dirac, che nel 1928 aveva formulato una teoria quantistica in grado di descrivere il comportamento di un elettrone che si muove a velocità vicina a quella della luce.

L'equazione alla base della teoria di Dirac combina la relatività ristretta con la fisica dei quanti e predice l'esistenza di una particella con la stessa massa dell'elettrone, ma carica opposta: un *anti*elettrone.

Tra i fisici europei nasceva così il concetto di «antimateria». Tuttavia Anderson, che lavorava in California, non era al corrente dell'equazione di Dirac quando scoprì il positone.

Successivamente si osservò anche il fenomeno opposto alla produzione di una coppia elettrone-positone: un positone che, attraversando un pezzo di materia, è rallentato dalle collisioni con gli elettroni atomici, talvolta ha un incontro così ravvicinato con uno di essi da produrre un'*annichilazione*. Il positone e l'elettrone scompaiono, con le loro cariche e le loro energie, e producono due (e talvolta tre) fotoni.

Quindi l'energia elettromagnetica di un fotone può trasformarsi in materia e in antimateria e, viceversa, la materia e l'antimateria possono dissolversi in energia elettromagnetica.

L'aspetto rivoluzionario della teoria di Dirac e della sua conferma sperimentale tocca il significato stesso dell'aggettivo «elementare».

Lo ha espresso in modo molto chiaro Heisenberg:

> Credo che la scoperta delle particelle e delle antiparticelle di Dirac abbia cambiato del tutto la nostra visione della fisica atomica. Una volta noto che si possono creare coppie, allora una particella elementare va considerata come un sistema composto, poiché essa è virtualmente una particella più una coppia di particelle, più due coppie di particelle, e così via: tutt'a un tratto l'intera idea di particelle elementari è cambiata. Fino ad allora penso che ogni fisico concepisse le particelle elementari secondo la filosofia di Democrito, cioè come unità immutabili che sono date in natura e restano sempre uguali, non possono trasformarsi in qualcos'altro. Dopo la scoperta di Dirac tutto apparve diverso, poiché ora ci si poteva chiedere: perché un protone dovrebbe essere solo un protone? Perché non dovrebbe essere qualche volta un protone più una coppia elettrone-positone, e così via?

Proprio per questo si preferisce parlare di particelle subatomiche «fondamentali», anziché elementari.

In sintesi, un antielettrone ha massa e proprietà identiche a quelle di un elettrone, ma la sua carica elettrica è positiva anziché negativa. Simmetricamente un antiprotone, l'antiparticella del protone, è elettricamente negativo mentre il protone è positivo; ma entrambi hanno una massa circa duemila volte maggiore rispetto a un elettrone o a un positone.

Oggi sappiamo che tutte le particelle elettricamente cariche hanno una loro antiparticella. Per le particelle neutre le cose sono più complicate: alcune hanno un'antiparticella mentre altre, come i fotoni, sono allo stesso tempo particella e antiparticella.

Quando una particella e la sua antiparticella si incontrano, esse si «annichilano» liberando energia. Da dove viene questa energia? Evidentemente dall'energia di riposo e dall'energia cinetica della particella e dell'antiparticella che scompaiono.

Viceversa, se si dispone di una quantità sufficiente di energia, in opportune condizioni si possono creare coppie particella-antiparticella. Per creare la massa di un protone, per esempio, basterebbe 1 GeV di energia; ma in pratica per produrlo davvero è necessario spendere almeno 2 GeV, perché è necessario creare contemporaneamente la massa di un protone e quella di un antiprotone. Se nella creazione si spendono più di 2 GeV, il resto si ritrova come energia cinetica del protone e antiprotone appena creati.

Nell'acceleratore LEP del CERN, in funzione fino al 2000, elettroni e positoni di circa 100 GeV di energia cinetica si annichilavano, liberando così 200 GeV di energia totale. Questa energia dava origine a sua volta alla creazione di coppie particella-antiparticella che, in cascata, ne producevano molte altre, permettendo la scoperta di nuove particelle.

L'odierno acceleratore LHC, nel quale collidono due fasci di protoni, batte questo record di oltre dieci volte, liberando un'energia pari a parecchi TeV (*tera*elettronvolt, dove tera = 10^{12}).

L'invenzione del ciclotrone

Non appena Cockcroft e Walton realizzarono nel 1932 la prima reazione nucleare con particelle accelerate artificialmente, molti altri gruppi di ricercatori riprodussero lo stesso risultato. A Berkeley, negli Stati Uniti, Ernest Orlando Lawrence aveva cominciato a costruire già da tre anni la sua serie di *ciclotroni*, un nuovo tipo di acceleratore che usa un campo magnetico per curvare le traiettorie delle particelle accelerate. Egli scrisse:

> Eravamo impegnati con ulteriori miglioramenti del ciclotrone, per generare correnti maggiori con voltaggi più alti, quando ricevemmo la notizia della scoperta di Cockcroft e Walton. Eravamo fuori di noi dalla gioia, perché quella scoperta dimostrava che l'accelerazione di particelle cariche fino a velocità molto elevate era davvero un'impresa promettente.

Tre anni prima, il 1° aprile del 1929, Lawrence – da poco nominato professore associato a Berkeley – stava scorrendo un articolo in tedesco del fisico norvegese Rolf Wideröe, nella biblioteca dell'università.

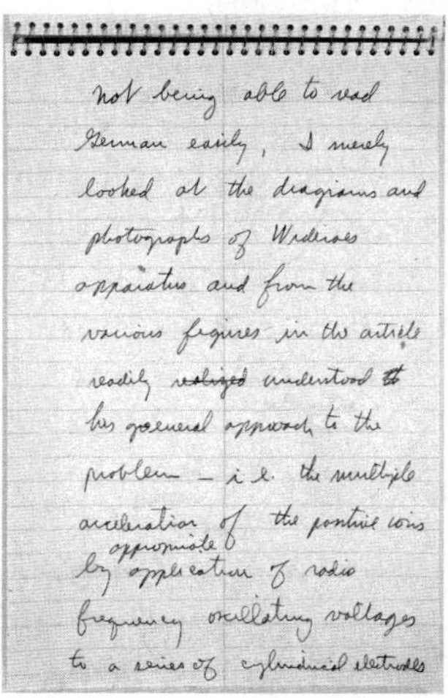
not being able to read
German easily, I merely
looked at the diagrams and
photographs of Wideroe's
apparatus and from the
various figures in the article
readily realized understood the
his general approach to the
problem – i.e. the multiple
acceleration of the positive ions
by appropriate application of radio
frequency oscillating voltages
to a series of cylindrical electrodes

Non conosceva la lingua, ma osservava con grande attenzione le illustrazioni (in alto nella figura 9) com'é scritto negli appunti riprodotti qui accanto.

Fu così che quel fortunato pomeriggio Lawrence ebbe l'idea di *aggiungere un campo magnetico* all'acceleratore lineare proposto da Wideröe.

In un campo magnetico i protoni non vanno in linea retta ma percorrono una traiettoria circolare; inoltre il raggio della traiettoria dei protoni cresce all'aumentare della loro energia.

Lawrence intuì che si sarebbe potuto costruire un acceleratore molto più compatto abbinando all'azione accelerante del campo elettrico l'effetto curvante del campo magnetico.

L'idea era di far girare molte volte gruppi di protoni all'interno di due elettrodi cavi, uno a forma di

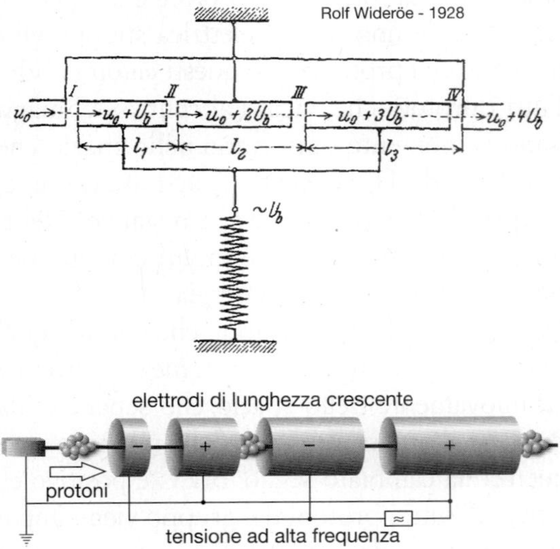

Figura 9. Lo schema di Wideröe: «gruppi» di qualche milione di protoni sono accelerati ripetutamente dalle differenze di potenziale applicate ad alcuni «tubi di deriva». La lunghezza dei tubi aumenta progressivamente lungo il percorso, per compensare l'aumento della velocità dei protoni e la corrispondente riduzione del tempo di passaggio.

C e l'altro a forma di D, posti tra i poli di un magnete (figura 10). I protoni sono accelerati a ogni mezzo giro per mezzo di una tensione alternata applicata agli elettrodi. Invece di procedere in linea retta, come negli acceleratori elettrostatici, le particelle sono accelerate lungo una traiettoria a spirale, il che consente di ridurre notevolmente le dimensioni dell'apparato.

Il principio di funzionamento del ciclotrone è illustrato dai disegni in basso della figura 10. I protoni sono «iniettati» con energia molto bassa al centro dei due elettrodi. La sorgente di protoni è idrogeno rarefatto, nel quale una scarica elettrica strappa gli elettroni ai nuclei; i protoni sono questi «atomi nudi».

Tutti i protoni che, vicino al centro del magnete, passano al momento opportuno nello spazio che separa l'elettrodo D da quello C, acquistano un'energia *E* quando D è positivo e C è negativo. Nel campo magnetico la traiettoria è molto curvata, perché questi protoni hanno poca energia.

Quando il gruppo di protoni, che è lungo qualche centimetro, dopo aver percorso mezzo giro si presenta nuovamente nello spazio che separa C da D, la tensione alternata applicata dalla sorgente a radiofrequenza ha cambiato segno: ora C è positivo e D è negativo. A tutti i protoni del gruppo viene impartita quindi una seconda quantità di energia *E*: muniti di energia cinetica 2*E*, essi percorrono una traiettoria di raggio un po' più grande. Dopo un altro mezzo giro, arrivano nuovamente nello spazio che separa D da C, dove ricevono un'altra spinta di energia *E,* raggiungendo, tutti insieme, l'energia cinetica 3*E*.

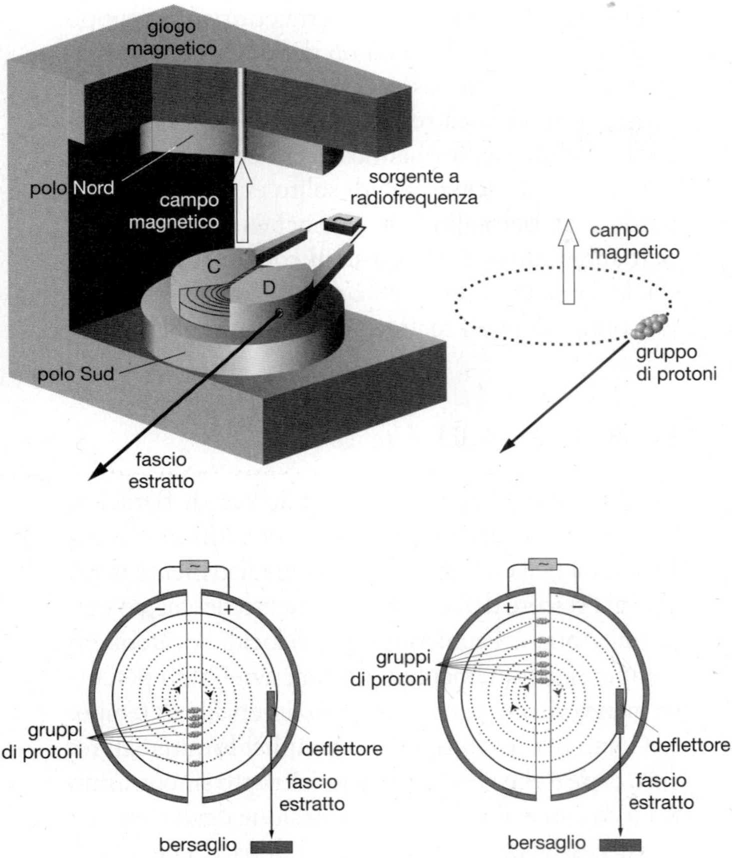

Figura 10. I poli circolari di ferro (connessi da un «giogo» anch'esso di ferro, in spaccato nel disegno in alto) producono un campo magnetico verticale che curva le traiettorie dei protoni. A ogni passaggio tra gli elettrodi C e D i protoni acquistano un po' d'energia e quindi girano nel campo magnetico su una traiettoria di raggio sempre maggiore, che ha complessivamente la forma di una spirale.

Dopo un centinaio di giri la traiettoria del gruppo di protoni è perturbata da un deflettore, schematizzato nei disegni in basso della figura 10, e i protoni proseguono in linea retta, fuori del campo magnetico del ciclotrone, formando quello che si chiama un «fascio» di particelle, che di solito è usato per bombardare un bersaglio fisso. Affinché i protoni non si perdano a causa delle collisioni con gli atomi dell'aria, la sorgente, i due elettrodi e il fascio estratto sono contenuti in un recipiente in cui è fatto il vuoto.

I molti ciclotroni di Lawrence

Quel famoso 1° aprile, nella biblioteca di Berkeley, Lawrence abbozzò alcuni calcoli per verificare la realizzabilità della sua intuizione. Immediatamente trovò che, al crescere dell'energia, l'aumento del raggio della traiettoria e l'aumento della velocità si sarebbero compensati esattamente: i protoni avrebbero percorso mezzo giro sempre nello *stesso* intervallo di tempo.

Come per incanto, quelle semplici formule gli fecero capire che vi sarebbe stato perfetto sincronismo tra il costante alternarsi della tensione degli elettrodi e i successivi passaggi dei gruppi di particelle.

Lawrence era un giovane sperimentatore di 27 anni, pieno di energia e di entusiasmo. Non appena uscì dalla biblioteca, non poté trattenersi dal rivelare la sua idea a un professore in cui s'imbatté nel campus, che gli chiese: «Ma che ne farà?». L'immediata risposta fu: «Bombarderò e spezzerò gli atomi!».

Lawrence era ancora più eccitato il pomeriggio successivo quando, incrociando un altro professore più anziano, gridò: «Diventerò famoso!». Non aveva torto: nel 1939, tra i molti altri riconoscimenti, gli fu conferito il premio Nobel per la fisica.

Come mostrano i disegni in basso nella figura 10, a un certo istante nel ciclotrone vi sono gruppi di protoni di tutte le energie, che girano in sincronia su circonferenze di raggio diverso.

Proprio in base alla formula scritta da Lawrence quel giorno, questi gruppi si presentano tutti insieme nello spazio tra i due elettrodi, in tempo per ricevere una nuova spinta acceleratrice. La sorgente a radiofrequenza deve produrre una tensione alternata con la frequenza necessaria perché si verifichi questo sincronismo.

Il primo ciclotrone era grande come una mano (un acceleratore Cockcroft-Walton della stessa energia sarebbe stato lungo più di un metro!). I poli magnetici avevano un diametro di 4 pollici, circa dieci centimetri, e il potenziale alternato era di soli 1800 volt; in una ventina di giri i protoni raggiungevano gli 80 000 elettronvolt.

Il secondo ciclotrone, costruito insieme al dottorando Stan Livingston, utilizzò un giogo magnetico di 80 tonnellate, costruito per altri scopi dalla Federal Telegraph Company: il ciclotrone aveva inizialmente 9 pollici di diametro, ma fu presto trasformato in un apparato da 11 pollici (28 cm).

I protoni furono accelerati fino a 1,2 MeV e nel 1932 apparve un lavoro scientifico firmato da

Lawrence e Livingston. Il titolo era «The Production of High Speed Light Ions Without the Use of High Voltages», ben giustificato perché, facendo girare i gruppi di protoni 150 volte, si era superato il MeV applicando una tensione alternata di soli 4000 volt.

Per proseguire sulla stessa strada Lawrence ottenne finanziamenti da fondazioni e da privati; come vedremo nel capitolo finale, infatti, i nuovi acceleratori producevano radioisotopi utili in medicina e presto furono impiegati anche per la terapia dei tumori.

Lawrence era più interessato alla sfida tecnologica dei ciclotroni di diametro sempre maggiore, e all'uso medico della sua invenzione, che non ai risultati degli esperimenti di fisica nucleare, ottenuti in parallelo sia con i ciclotroni di Berkeley sia con quelli costruiti da colleghi in molti altri laboratori. A costoro egli dava generosamente accesso alle sue macchine e aiuto per riprodurle ove volessero. Aveva ottenuto un brevetto sulla sua invenzione, ma non volle mai ricavarne denaro.

Effetti della relatività

Nel 1940, al Radiation Laboratory di Berkeley, Lawrence iniziò la costruzione di un enorme magnete di 184 pollici (circa 4,7 metri) e 4500 tonnellate per la sua nuova macchina acceleratrice, che avrebbe dovuto raggiungere i 100 MeV, poi aumentati a 200 MeV.

Lanciando il progetto, il fisico statunitense non si preoccupò molto del fatto che l'inerzia di una par-

Figura 11. Lawrence (secondo da sinistra nelle foto) costruì una lunga serie di ciclotroni sempre più grandi e potenti.

cella in moto è determinata non dalla sua massa ma dalla sua energia totale. Per questo, quando i protoni superano i 10-20 MeV di energia cinetica – cioè i 1020-1030 MeV di energia totale – essi oppongono una maggiore resistenza ad essere accelerati e impiegano più tempo a percorrere mezza circonferenza, perdendo la sincronia con l'alternarsi della tensione agli elettrodi. Come vedremo nel prossimo paragrafo, da queste energie in su la macchina di Lawrence – così com'era originariamente progettata – non avrebbe mai potuto funzionare, proprio a causa di questi «effetti relativistici».

La figura 12 mostra il «fattore relativistico» per cui va moltiplicata la massa di una particella se si vuole ottenere la sua energia quando è in movimento e, quindi, calcolare la sua energia cinetica a ogni data velocità.

Dal grafico si legge che, se una particella si muove al 50% della velocità della luce, l'energia è maggiore del 15% rispetto alla sua massa.

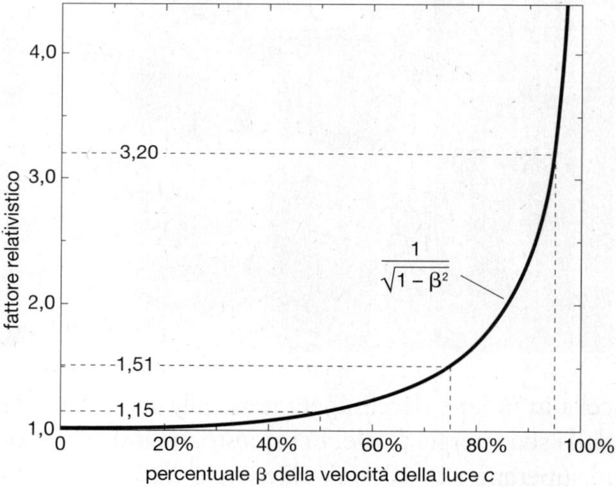

Figura 12. Il *fattore relativistico* per cui va moltiplicata la massa per ottenere l'energia (totale) di un corpo che si muove a una frazione $\beta = v/c$ della velocità della luce c = 300 000 km/s. Quando β si avvicina a 1, il fattore relativistico aumenta indefinitamente. Nella vita quotidiana le velocità sono molto minori di *c*, per cui $\beta \ll 1$ e il fattore relativistico vale praticamente 1.

Tabella 1. L'energia (totale) e l'energia cinetica di un protone (massa = 1 GeV) calcolate a partire dalla sua velocità.

velocità in km/s	percentuale della velocità della luce, β	fattore relativistico	energia (totale) del protone in Gev	energia cinetica del protone in Gev
90 000	30%	1,05	1,05	0,05
150 000	50%	1,15	1,15	0,15
166 000	55%	1,20	1,20	0,20
225 000	75%	1,51	1,51	0,51
270 000	90%	3,20	3,20	2,20
297 000	99%	7,09	7,09	6,09
299 250	99,7%	14,2	14,200	13,200
299 970	99,99%	70,7	70,70	69,70

La differenza diventa del 51% se la velocità raggiunge il 75% della velocità della luce.

Al 90% di *c* l'energia è addirittura 3,2 volte maggiore della massa: così, per esempio, un protone che viaggia a 270 000 km/s ha energia (totale) pari a 3,2 GeV.

La tabella 1 riporta anche altri valori tipici del fattore relativistico, calcolati per un protone che si muove con la velocità indicata nella prima colonna. Nell'ultima colonna l'energia cinetica del protone è calcolata come differenza tra l'energia totale e la massa. Leggendo la terza riga si vede che i protoni con 200 MeV di energia cinetica hanno una velocità pari al 55% di quella della luce e un'energia (totale) di 1,20 GeV, cioè 20% maggiore della massa, 1 GeV. Ma già a partire da poche decine di MeV l'energia, che determina l'inerzia del corpo, è più grande della massa, con effetti non trascurabili.

Il sincrociclotrone crea nuove particelle

La costruzione del gigantesco magnete per il nuovo ciclotrone di Lawrence iniziò prima che egli trovasse il modo di aggirare l'ostacolo dovuto all'aumento relativistico dell'inerzia. Trascorso appena un anno, però, il progetto fu interrotto dalla guerra.

Il 7 dicembre 1941 la flotta americana del Pacifico fu quasi completamente distrutta dai giapponesi a Pearl Harbour, nelle Hawaii. Dieci giorni dopo l'OSRD (Office of Scientific Research and Development del governo USA) assegnò al Radiation Laboratory di Lawrence, nel quadro del Progetto Manhattan, una notevole somma di denaro affinché sviluppasse una tecnica, riproducibile su larga scala, per separare l'isotopo fissile uranio-235 dall'uranio-238.

Lawrence affrettò allora la costruzione del magnete da 184 pollici e, in capo a soli sei mesi, cominciò a realizzare i primi prototipi di «separatori magnetici», spettrometri di massa chiamati *calutroni* (da «California University»), che venivano inseriti tra i due poli del magnete originariamente destinato al nuovo ciclotrone. Queste macchine furono poi riprodotte in gran numero nel nuovo laboratorio militare del Tennessee, a Oak Ridge, dove servirono a fornire quasi tutto l'uranio-235 della bomba che fu poi tragicamente sganciata su Hiroshima il 6 agosto 1945.

Quando, dopo la guerra, Lawrence riprese in mano il suo progetto originario, apprese che il problema dovuto al fattore relativistico aveva trovato una soluzione. Negli anni precedenti, infatti, Vladimir Veksler in Unione Sovietica ed Edwin McMillan negli Stati Uniti avevano scoperto, l'uno all'insaputa dell'altro, il *principio di stabilità di fase.*

Per capire l'importanza di questa scoperta, consideriamo un gruppo di particelle, per esempio protoni, che inizia a circolare in un ciclotrone. Durante i primi giri il tempo che il gruppo impiega a percorrere mezza circonferenza è sempre lo stesso perché – a energia totale praticamente costante – il raggio della traiettoria aumenta a ogni giro proporzionalmente all'aumento della velocità. Quando però l'energia cinetica passa la decina di MeV, l'energia dei protoni – e quindi la loro inerzia – comincia ad aumentare in modo sensibile: il gruppo allora impiega più tempo

Figura 13. Il magnete del ciclotrone da 184 pollici.

a fare mezzo giro e, al passaggio successivo tra un elettrodo e l'altro, non trova la tensione giusta. In altre parole, la dipendenza del tempo di percorrenza dall'energia delle particelle fa sì che non vi sia più sincronismo tra il passaggio delle particelle e la spinta causata dalla tensione oscillante.

A questo si può rimediare *aumentando* il tempo che intercorre tra un'oscillazione e l'altra della tensione applicata agli elettrodi, mentre il gruppo di particelle percorre la sua traiettoria a spirale e la massa aumenta. In altre parole, durante l'accelerazione occorre *diminuire* la frequenza prodotta dalla sorgente a radiofrequenza. Ma questo richiederebbe una precisione impossibile da ottenere in pratica, se non fosse per il principio di stabilità di fase. Vediamo di che cosa si tratta.

All'intercapedine tra gli elettrodi di un ciclotrone la tensione sale e scende a una determinata frequenza. Se una particella orbita *in fase* con questa frequenza, quando arriva all'intercapedine riceve una spinta accelerante e dopo un giro si ripresenta nello spazio tra gli elettrodi per ricevere la spinta successiva, allo stesso valore della tensione.

Supponiamo che un'altra particella arrivi all'intercapedine *in ritardo*, quando il valore della tensione è più basso: allora sarà accelerata meno, perciò percorrerà un'orbita di raggio sensibilmente più piccolo e impiegherà meno tempo a compiere un giro. Quando si ripresenterà all'intercapedine sarà dunque *in anticipo*, troverà una tensione più alta e sarà accelerata di più. Il risultato è che le particelle leggermente fuori fase oscillano giro dopo giro attorno a quelle in fase, formando un gruppo compatto e dinamicamente stabile.

Questa stabilità dei gruppi di particelle si raggiunge anche se il periodo di oscillazione della tensione viene aumentato, gradualmente e continuamente, con il numero dei giri.

Lawrence dunque cambiò il progetto originario del circuito elettronico che applicava la tensione agli elettrodi e fece in modo che il periodo di oscillazione aumentasse durante l'accelerazione.

Il ciclotrone da 184 pollici si trasformò così nel primo *sincrociclotrone*, che cominciò a funzionare nel 1946. Successivamente i protoni furono accelerati fino al 55% della velocità della luce, che corrisponde a una energia cinetica di 200 MeV e quindi, come abbiamo visto nella tabella 1, a un'energia totale maggiore della massa del 20%.

L'aumento relativistico dell'energia con la velocità ha importanti conseguenze anche sul risultato delle collisioni tra i protoni del fascio estratto e le particelle subatomiche del bersaglio.

Nell'urto di un'automobile contro un lampione i danni sono determinati dalla sola energia cinetica. Poiché le loro masse restano praticamente invariate, è l'energia cinetica dell'automobile che scompare nell'impatto a produrre le deformazioni permanenti della carrozzeria e del lampione.

Nelle collisioni tra due particelle, invece, spesso accade che vengano create altre particelle, come nel caso dell'annichilazione di un elettrone con un posisitone, le cui energie totali si trasformano completamente in fotoni.

Nei fenomeni prodotti con i fasci degli acceleratori, più dell'energia cinetica della particella incidente conta quindi la sua energia *totale,* che è pari alla massa moltiplicata per il fattore relativistico.

L'energia totale dei protoni prodotti dal nuovo sincrociclotrone di Lawrence era abbastanza grande da creare, nell'urto con i nuclei di un bersaglio, un gran numero di quelle nuove particelle di cui – soltanto un anno prima – erano stati osservati pochi esemplari in lastre fotografiche portate ad alta quota: i *pioni* (π).

A metà degli anni Quaranta, infatti, alcuni fisici avventurosi, tra cui l'italiano Giuseppe Occhialini,

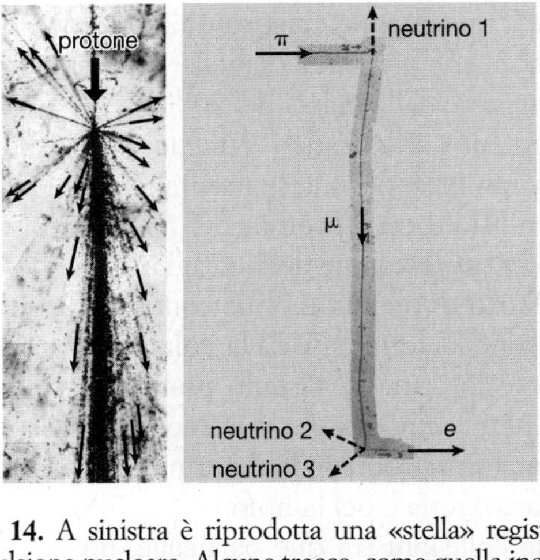

Figura 14. A sinistra è riprodotta una «stella» registrata in un'emulsione nucleare. Alcune tracce, come quella ingrandita a destra, mostrano a fine percorso due decadimenti in catena: un pione produce un muone e il muone produce un elettrone.

avevano posizionato in alta montagna lastre fotografiche speciali, sensibili al passaggio delle particelle energetiche elettricamente cariche. Osservarono così al microscopio eventi come quelli della figura 14.

I puntini che formano le tracce sono grani dell'emulsione divenuti neri durante lo sviluppo, perché precedentemente attraversati da una particella carica.

Nella foto di sinistra un protone di altissima energia, proveniente dallo spazio, collide con un nucleo atomico. Dal punto della collisione escono moltissime tracce; alcune sono lasciate dai protoni del nucleo, che è stato spezzato, e altre dalle molte particelle cariche create a spese dell'energia della particella incidente, tra cui i pioni di carica positiva o negativa.

Seguendo con il microscopio alcune delle tracce più leggere, si osservano eventi simili a quello riportato a destra, che mostra una catena di due decadimenti. Oggi sappiamo che il pione, rallentato dagli urti con gli atomi dell'emulsione, si è fermato e poi – in venti miliardesimi di secondo – è decaduto in un *muone* (μ) e in una particella elettricamente neutra, un *neutrino*.

Si noti che il neutrino, essendo privo di carica elettrica, non lascia traccia nell'emulsione; in alto nella figura 14 è rappresentato infatti da una freccia tratteggiata. Il muone, fermatosi a sua volta, decade in due milionesimi di secondo in un elettrone e due neutrini.

Un anno prima dell'entrata in funzione del sincrociclotrone di Lawrence da 184 pollici, le foto della figura 14 avevano causato enorme sorpresa, perché a quell'epoca i fisici conoscevano sperimentalmente soltanto tre tipi di particelle subatomiche: gli elettroni, i protoni e i neutroni.

La scoperta del pione carico da parte di Cecil Powell, di Giuseppe Occhialini e del loro gruppo, nel 1947, non fu che l'inizio della proliferazione del numero di particelle conosciute; sarebbero poi occorsi trent'anni per inquadrare questa moltitudine di particelle in una visione coerente e relativamente semplice.

All'epoca v'era una sola urgenza: sperimentare. Gli eventi prodotti dai raggi cosmici erano rari e la loro produzione incontrollabile. Tutto cambiò quando nel 1948 si usò un'emulsione fotografica come bersaglio del fascio di particelle generato dal ciclotrone da 184 pollici: sulla lastra sviluppata si osservarono centinaia di «stelle», da cui partivano tracce che mostravano decadimenti a catena.

Sino a quel momento i fasci prodotti dagli acceleratori erano usati come sostituti dei fasci ottenuti dalle sorgenti radioattive naturali, per studiare le collisioni alla Rutherford con i nuclei. In questo modo si producevano isotopi radioattivi impiegati anche in biologia e medicina.

Con l'avvento del sincrociclotrone di Berkeley, e con la produzione di fasci di protoni di energia cinetica superiore ai 200 MeV, divenne possibile produrre e studiare i fenomeni che coinvolgevano le nuove particelle subatomiche, senza essere costretti a fare ricorso ai raggi cosmici.

Il 1948 segna così la nascita della cosiddetta *fisica delle alte energie*, che da allora ha avuto la sua principale fonte di scoperte in esperimenti condotti in laboratorio, utilizzando fasci di particelle accelerate artificialmente a energie sempre maggiori.

Acceleratori per modo di dire...

Accelerare una particella vuol dire aumentarne la velocità, ma i dati della tabella 1 mostrano chiaramente che, da un certo punto in poi, all'aumento dell'energia non corrisponde una crescita significativa della velocità con cui si muove.

Per esempio, quando l'energia totale di un protone raddoppia passando da 7,09 GeV a 14,2 GeV, la velocità aumenta soltanto dal 99% al 99,7% della velocità della luce. Infatti quando la velocità si avvicina a quella della luce – la velocità-limite che nessun corpo materiale può raggiungere – ogni aumento di energia impartito al protone si traduce in una sua maggiore resistenza (inerzia) a lasciarsi accelerare.

Dunque, a rigore, gli strumenti di cui parliamo in questo libro non dovrebbero chiamarsi «acceleratori», bensì «energizzatori».

Il termine «acceleratore» è certamente più intuitivo ma non è corretto, poiché descrive soltanto la prima e meno significativa parte del processo. Tuttavia il suo utilizzo è ormai tanto diffuso da rendere impensabile sostituirlo.

SQUARE
Edoardo AMALDI
39

CAPITOLO 2

Piccoli acceleratori crescono

Nel 1960 l'architettura dei primi e pochi edifici del CERN era armoniosa ma piuttosto spartana. Sono dovuti passare ben quarant'anni prima che venissero costruiti due edifici di buon design battezzati, a dispetto della scombinata numerazione tipica del centro, Building 40 *e* Building 39.

I fisici delle grandi collaborazioni internazionali che lavorano all'LHC occupano il primo, mentre il secondo è uno degli ostelli dove alloggiano per periodi brevi alcuni tra gli ottomila fisici e ingegneri che, provenendo da laboratori e università di tutto il mondo, partecipano agli esperimenti fatti con gli acceleratori del CERN. Un grande prato e una strada separano i due edifici dal ristorante principale; e lo spazio è solcato giorno e notte da moltissimi giovani ricercatori, con qualche occasionale testa grigia o calva.

La piazza tra i Building 39 e 40 è dedicata a Edoardo Amaldi, che è stato uno dei padri fondatori del CERN e suo Segretario Generale tra il 1952 il 1954, negli anni in cui il centro di ricerca nasceva.

Da giovane Amaldi faceva parte di quel glorioso gruppo di ricercatori riuniti a Roma attorno a Enrico Fermi e noti come «i ragazzi di via Panisperna». Amaldi ebbe un ruolo determinante nelle deliberazio-

ni del maggio 1951, in cui si decise di proporre agli Stati membri del CERN la costruzione di ben due *acceleratori, uno pensato per il presente e l'altro per il futuro: un sincrociclotrone da 600 MeV (che, dopo l'entrata in funzione del 184 pollici di Lawrence, era considerato macchina di sicuro successo) e un molto più impegnativo protosincrotrone da 5 GeV, alla cui storia è dedicato un paragrafo di questo capitolo.*

I primi sincrotroni

In un sincrociclotrone la forma a spirale delle orbite richiede che il campo magnetico deflettente sia uniforme su una grande superficie, con la conseguenza che la massa e il costo del magnete, che curva le traiettorie, aumentano molto al crescere dell'energia che si vuol raggiungere.

In un *sincrotrone*, invece, al posto di un unico magnete grande si usano molti magneti più piccoli, posizionati lungo una «ciambella» circolare, vuota d'aria, nella quale circolano le particelle.

Come mostra la figura 15, i principali componenti di questa macchina acceleratrice sono: la *sorgente* delle particelle; l'*iniettore* (che dà una prima accelerata alle particelle e le «inietta» nell'anello); i *magneti deflettori* (che piegano la traiettoria dei gruppi di particelle e li mantengono all'interno della ciambella); la *cavità a radiofrequenza* (fatta di due elettrodi bucati che, a ogni giro, impartiscono ai gruppi di protoni, che li attraversano, una piccola quantità di energia);

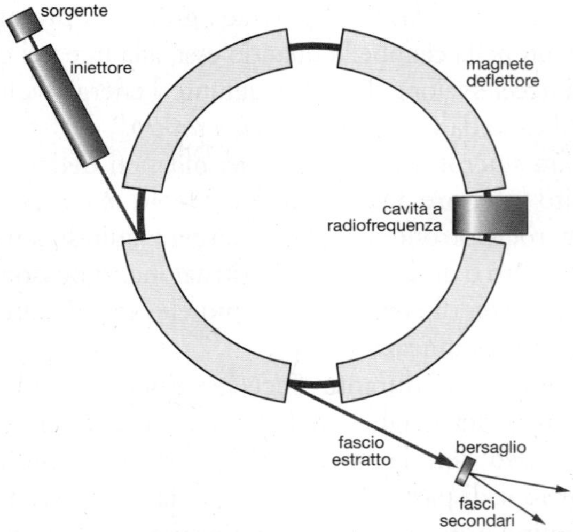

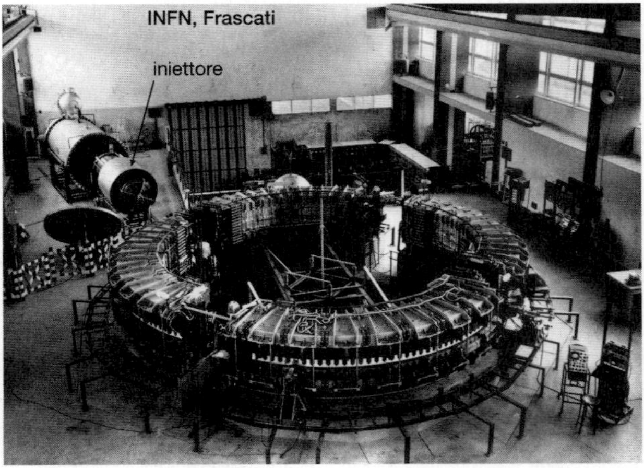

Figura 15. Schema di un sincrotrone e foto del sincrotrone per elettroni entrato in funzione nel 1959 presso i Laboratori di Frascati dell'Istituto Nazionale di Fisica Nucleare (INFN).

il *sistema di estrazione* (che estrae i gruppi di protoni circolanti nella ciambella quando essi, alla fine del ciclo di accelerazione, hanno raggiunto l'energia voluta); e il tubo da vuoto per il *fascio estratto*.

In un sincrotrone la massa dei magneti deflettori è molto inferiore alla massa del singolo magnete di un sincrociclotrone di uguale energia e quindi, a parità di costo e di difficoltà di costruzione, si possono ottenere fasci di energia molto più elevata. Vi sono, però, due complicazioni.

Innanzitutto, durante l'accelerazione il campo magnetico dei magneti deflettori deve crescere *in sincronismo* con l'aumento dell'energia, in modo che gruppi di particelle di energia via via crescente continuino a percorrere non un'orbita a spirale ma una *stessa* orbita circolare. La crescita del campo magnetico si ottiene aumentando, durante l'accelerazione, la corrente che circola nelle bobine attorno al polo, come in ogni elettromagnete.

In secondo luogo, poiché il tempo di percorrenza della traiettoria circolare diminuisce al crescere della velocità delle particelle, il tempo di oscillazione della tensione applicata alla cavità accelerante deve diminuire anch'esso, *in sincronismo* con l'aumento dell'energia, e quindi del campo magnetico; da qui il nome di *sincrotrone*. Ma, come in un sincrociclotrone, la sincronicità delle operazioni non sarebbe sufficiente se non valesse il principio di stabilità di fase, che garantisce che vengano accelerate anche le particelle che non sono esattamente sincrone con l'oscillazione della tensione della cavità.

Non è strano che il primo sincrotrone, in grado di battere in energia il sincrociclotrone da 184 pollici di Lawrence, sia stato costruito da uno degli scopritori di questo principio: tra il 1945 e il 1948, sotto la direzione di Ed McMillan, fu realizzato a Berkeley un sincrotrone per elettroni da 340 MeV. Qui fu scoperta una particella mai osservata prima nei raggi cosmici: il *pione neutro*.

Nel 1949 entrò in funzione il sincrotrone per elettroni da 250 MeV, disegnato dall'altro scopritore del principio di stabilità di fase,Vladimir Veksler. Nello stesso anno egli progettò un sincrotrone per protoni di 200 metri di circonferenza, il *Sincrofasatrone*, che nel 1957 raggiunse i 10 GeV di energia. Ancora oggi, presso il Joint Institute for Nuclear Research di Dubna (Russia), il Sincrofasatrone è utilizzato per la terapia del cancro, di cui parleremo nel capitolo 6.

Per molti anni la corsa verso energie sempre più elevate fu appannaggio degli Stati Uniti. Nel 1953 nel laboratorio di Brookhaven – costruito su Long Island, non lontano da New York – entrò in funzione il *Cosmotrone*, che accelerava protoni fino a 3,3 GeV. Le particelle erano mantenute sull'orbita circolare da una massa di 2000 tonnellate di magneti deflettori, meno della metà di quella del sincrociclotrone da 184 pollici, che raggiungeva soltanto gli 0,2 GeV. Appena un anno dopo, a Berkeley, il *Bevatrone* accelerò protoni fino a 6,3 GeV e uno dei suoi fasci estratti produsse, nel 1955, i primi antiprotoni; la scoperta valse il premio Nobel a Emilio Segrè e a Owen Chamberlain.

In Italia quelli erano gli anni del boom economico. Nello slancio della ricostruzione, i fisici di Roma, Firenze, Torino e Padova, che si occupavano per lo più di raggi cosmici, fondarono nel 1951 l'Istituto Nazionale di Fisica Nucleare (INFN), di cui Gilberto Bernardini fu il primo Presidente ed Edoardo Amaldi il secondo. Nel 1954, sotto la direzione di Giorgio Salvini, fisico trentenne dell'Università di Milano, incominciò la costruzione – nei nuovi laboratori di Frascati – di un sincrotrone per elettroni da 1,1 GeV, che entrò in funzione all'inizio del 1959 (figura 15).

L'invenzione della focalizzazione forte

Quando, presso il Brookhaven National Laboratory di Long Island, entrò in funzione il Cosmotrone, si calcolò che per raggiungere un'energia dieci volte maggiore (30 GeV) sarebbe stato necessario impiegare cento volte più ferro (200 000 tonnellate!).

Durante l'accelerazione, infatti, le traiettorie delle particelle che circolano per un milione di giri nella ciambella di un sincrotrone non restano al centro dei magneti deflettori, ma oscillano verticalmente e radialmente. Affinché i protoni non si perdessero negli urti contro le pareti della ciambella, nel Cosmotrone questa aveva una sezione molto grande: circa 20 centimetri in verticale e 60 centimetri in orizzontale. Per produrre il necessario campo magnetico su una ciambella di queste dimensioni furono necessarie ben 2000 tonnellate di ferro. A energie maggiori aumenta l'ampiezza di oscillazione delle traiettorie e diviene necessario aumentare le dimensioni della ciambella e, di conseguenza, la quantità di ferro utilizzata.

Nel 1952 Stanley Livingston (già allievo di Lawrence), Ernest Courant e Hartland Snyder del Brookhaven National Laboratory ebbero una brillante idea per ridurre l'ampiezza di queste oscillazioni e, quindi, le dimensioni e il costo del magnete. Alla fine dell'anno pubblicarono sulla *Physical Review*, la più importante rivista di fisica degi Stati Uniti, un lavoro scientifico intitolato «The Strong Focusing Synchrotron – A New High Energy Accelerator». In buona sostanza, i tre suggerirono l'uso di campi magnetici *trasversali* da aggiungere al campo magnetico *verticale*, che fa girare le particelle in cerchio.

Per spiegare il modo di operare della *focalizzazione forte* è utile riferirsi alla focalizzazione di un fascio di particelle che, in assenza di campo magnetico verticale, si propaga in linea retta. La fotografia della figura 16 mostra un *quadrupolo*, cioè un magnete che ha due poli Nord (N in figura) e due poli Sud (S).

Due quadrupoli con lo stesso asse producono campi magnetici trasversi che vanno dai poli Sud ai poli Nord. Questi campi danno luogo a forze, indicate dalle frecce nel disegno a sinistra della figura 16, che nel quadrupolo Q1 sono dirette così: nel piano verticale verso l'asse e, nel piano orizzontale, lontano dall'asse. L'opposto accade in Q2.

Il disegno di destra mostra come le dimensioni verticale e orizzontale di un fascio parallelo di parti-

Figura 16. Le correnti circolano nelle bobine di rame del «quadrupolo» in modo che si abbiano due poli Sud e due poli Nord affacciati, che producono – al centro del quadrupolo – campi magnetici trasversali rispetto alla direzione di moto delle particelle.

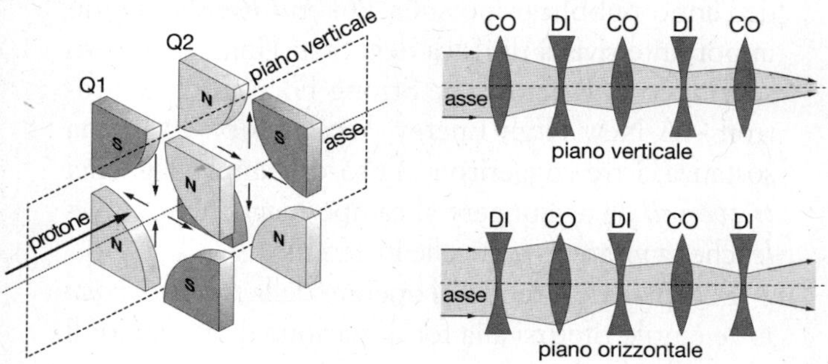

celle si riducano sotto l'effetto alternato di una serie di quadrupoli, che nel piano verticale sono uno convergente (CO), uno divergente (DI), e così via. La focalizzazione ha luogo *anche* nel piano orizzontale, dove il primo quadrupolo è divergente (DI).

Può stupire che una sequenza alternata di «lenti magnetiche» convergenti e divergenti abbia sempre, nel complesso, un effetto convergente. Qui sta la brillantezza dell'idea, che Courant, Livingston e Snyder confermarono con le molte formule contenute nel loro articolo sulla *Physical Review*. Il risultato è simile a quello di una serie di lenti ottiche capaci di focalizzare i fasci di luce che le attraversano.

Per illustrare i vantaggi di questo nuovo approccio all'accelerazione di particelle, la figura 17 mette a confronto un sincrotrone a focalizzazione forte con un sincrotrone normale, detto da allora «a focalizzazione debole».

Nel sincrotrone a focalizzazione forte i magneti deflettori, molto più numerosi, sono alternati con i quadrupoli, che mantengono i gruppi di protoni ben focalizzati durante il ciclo di accelerazione.

I protoni non si perdono, nonostante la ciambella vuotata d'aria sia molto più piccola che nel sincrotrone a focalizzazione debole: tipicamente 5 centimetri in verticale e 15 centimetri in orizzontale.

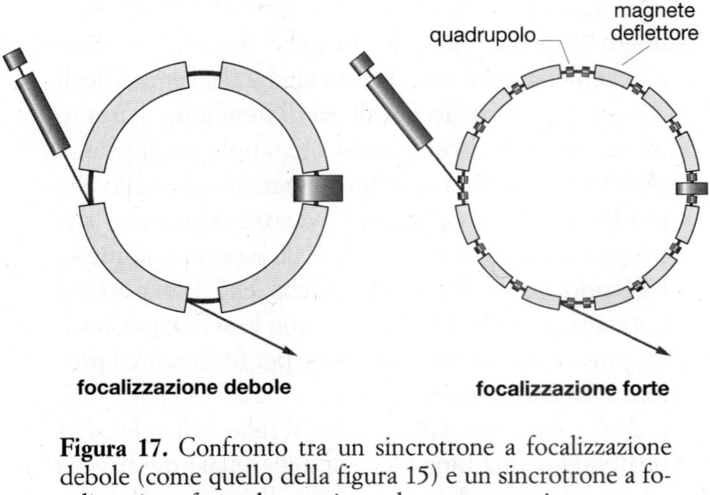

Figura 17. Confronto tra un sincrotrone a focalizzazione debole (come quello della figura 15) e un sincrotrone a focalizzazione forte che raggiunge la stessa energia.

Storie intrecciate

La pubblicazione dell'articolo di Courant, Livingston e Snyder fu salutata con grande entusiasmo dalla comunità dei fisici, che volevano passare i 10 GeV di energia senza ricorrere alle 40 000 tonnellate di ferro del sincrofasatrone. Tutti erano convinti che i tre inventori avrebbero presto ricevuto il Nobel, ma non fu così. Infatti l'idea era già stata brevettata due anni prima da uno sconosciuto ingegnere greco, Nicholas Christofilos.

Nato negli Stati Uniti nel 1916, Christofilos era rientrato ad Atene con i genitori all'età di sette anni ed era destinato a diventare uno dei geni della fisica degli acceleratori. Laureatosi al Politecnico di Atene in ingegneria elettromeccanica, riparava ascensori e, durante la guerra, camion tedeschi. Nel tempo libero studiava i libri di fisica che riusciva a trovare e, completamente autodidatta anche nel campo degli acceleratori di particelle, all'età di trent'anni depositò un brevetto che, sostanzialmente, applicava il principio di stabilità di fase al funzionamento di quello che poi fu chiamato *sincrotrone*. Mentre creava una sua propria ditta di manutenzione di ascensori apprese, leggendo alcune riviste scientifiche, che il sincrotrone era stato già inventato. Questo non lo scoraggiò, anzi, lo spinse a cercare una soluzione per focalizzare i protoni accelerati nei sincrotroni.

Nel 1948 Nick Christofilos scrisse agli scienziati di Berkeley una lunga lettera nella quale descriveva un suo metodo, che si rivelò sbagliato. Avendo ricevuto una risposta dettagliata con tutte le spiegazioni del caso, egli continuò a pensare allo stesso problema finché scoprì la focalizzazione forte. Cosí l'anno dopo scrisse una seconda lettera a Berkeley, descrivendo le sue nuove idee: questa volta, però, nessuno fece attenzione al contenuto, anche se corretto, perché la matematica era complicata. Non avendo ricevuto risposta, nel 1950 Christofilos depositò un secondo brevetto.

Due anni dopo egli lesse su *Physical Review* l'articolo di Courant, Livingston e Snyder e si convinse che la sua idea era stata rubata. Si recò a Brookhaven due mesi dopo, dove comprese che gli statunitensi erano arrivati allo stesso risultato senza sapere nulla delle sue idee. Ottenuto il riconoscimeto della priorità e 10 000 dollari dalla Atomic Energy Commission per lo sfruttamento del brevetto nel nuovo sincrotrone di Brookhaven, non perse tempo in inutili recriminazioni.

In Grecia aveva infatti sviluppato un'altra idea in un campo che a quell'epoca era in pieno sviluppo: un nuovo tipo di reattore – da lui battezzato «Astron» – per la produzione di energia da fusione nucleare. Questa volta la Commissione USA per l'energia atomica lo ascoltò attentamente, tanto più che Astron sembrava risolvere i problemi che si stavano incontrando nella realizzazione dei due reattori di concezione americana, lo «stellarator» e il «reattore a specchio».

L'Astron fu costruito nei Laboratori di Livermore, in California, e per esso Nick Christofilos inventò un acceleratore lineare di nuova concezione, l'acceleratore a induzione, che è ancora oggi utilizzato.

Però Astron non funzionò mai nonostante l'impegno di Christofilos, che diresse il progetto con grande determinazione, lavorandovi giorno e notte, difendendolo contro i detrattori, litigando con molti e bevendo pesantemente, fino all'attacco di cuore che nel 1972 lo uccise, a soli 55 anni. Poco prima aveva incontrato il capo della Atomic Energy Commission, che gli aveva comunicato la chiusura del suo progetto. La vita di questo genio autodidatta, spesso dimenticato nella storiografia degli acceleratori, ha molti degli aspetti di una tragedia greca.

Come nasce una passione per gli acceleratori

L'articolo di Courant, Livingston e Snyder dette origine alla catena di eventi che ho appena descritto ed ebbe molte altre conseguenze. La più importante, di cui parlo nel prossimo paragrafo, riguarda la costruzione del primo sincrotrone del CERN e di molti altri acceleratori sparsi in tutto il mondo. Esso ebbe un'influenza anche sulla mia vita personale quando, nel 1957, Mario Ageno – capo del Laboratorio di fisica dell'Istituto Superiore di Sanità (ISS) – mi chiese di studiarne i dettagli, con lo scopo di sviluppare un sistema focalizzante per l'iniettore del sincrotrone di Frascati, allora in costruzione (figura 15).

Mi ero laureato pochi mesi prima e avevo deciso di andare a lavorare all'ISS, perché non volevo entrare in un gruppo di ricerca nel quale mio padre Edoardo Amaldi, già allora molto noto, avesse influenza. Fu un'ottima scelta, dato che Mario Ageno era un fisico di grande cultura scientifica e filosofica, dal quale ho appreso moltissimo.

Ricordo ancora quanta fatica mi costò comprendere sia il principio della focalizzazione forte sia le equazioni di quel famoso articolo. All'università avevo appreso i principi della fisica degli acceleratori da Enrico Persico, grande fisico e didatta che era stato un caro amico di Enrico Fermi fin dai tempi della gioventù, tanto da essere spesso chiamato «l'altro Enrico». Arrabattandomi come potevo, in un paio di mesi riuscii a trasformare alcune delle formule in un progetto meccanico di due quadrupoli, di circa dieci centimetri di lunghezza.

Oggi posso dire con soddisfazione che quelli furono i primi quadrupoli costruiti in Italia e che alcuni esemplari funzionano ancora. Certamente la loro realizzazione ha contribuito alla mia passione per gli acceleratori di particelle; è da allora che questi strumenti mi affascinano sia per gli usi in fisica fondamentale, sia per le loro applicazioni mediche.

Per ciò che riguarda la fisica fondamentale, ho avuto la fortuna di partecipare a, e talvolta di concepire, esperimenti di fisica nucleare e subnucleare condotti presso sei acceleratori di particelle: a Frascati il sincrotrone (figura 15) e Adone, al CERN il ProtoSincrotrone (PS), gli Intersecting Storage Rings (ISR), il SuperProtoSincrotrone (SPS) e il Large Electron Positron collider (LEP).

Da vent'anni poi mi occupo di acceleratori di protoni e ioni carbonio dedicati alla terapia dei tumori solidi: uno degli acceleratori che ho progettato con i miei collaboratori è ora in funzione al Centro Nazionale di Adroterapia Oncologica, a Pavia, dove cura pazienti dal settembre 2011.

In queste due grandi tipologie di acceleratori i princìpi di funzionamento e le tecniche adottate sono le stesse, ma gli scopi sono diversi.

Il primo tipo di utilizzo mira alla costruzione di quella che chiamo la *fisica bella*, quella dettata dall'innato bisogno di conoscere e spiegare il mondo che ci circonda e che dona l'incomparabile piacere della comprensione di nuovi fenomeni e, talvolta, addirittura della scoperta.

Il secondo ricade invece nel dominio di quella che chiamo la *fisica utile*, intendendo con ciò la fisica applicata in generale e, in particolare, quella che permette nuovi metodi di diagnosi e di terapia di malattie non altrimenti curabili. A queste due fisiche ho dedicato tutta la mia vita professionale.

La nascita del CERN

Negli anni tra il 1948 e il 1950 l'idea di un laboratorio internazionale dedicato alla fisica degli acceleratori prese piede più o meno indipendentemente in molti circoli europei.

Molti scienziati e alcuni politici erano infatti preoccupati per la distanza crescente che si andava stabilendo tra la ricerca statunitense e quella europea. Inoltre l'ulteriore fuga di cervelli causata dal difficile periodo postbellico stava rendendo ancora più ardua la ripresa in Europa di una ricerca scientifica di alto livello.

A Roma, alla fine degli anni Quaranta, Edoardo Amaldi aveva cominciato a discutere con alcuni colleghi la necessità di creare un laboratorio europeo di fisica fondamentale, dotato di strumenti competitivi con quelli dei centri di ricerca statunitensi. Contemporaneamente nascevano idee simili a Parigi, dove ne era promotore il premio Nobel Louis de Broglie, padre della teoria ondulatoria della materia.

Da studente liceale ho ascoltato spesso i miei genitori parlare di questi argomenti e ho assistito, durante frugali pranzi familiari, ad animate discussioni con illustri fisici europei. Tra questi ricordo il francese Pierre Auger e l'inglese Cecil Powell, che aveva ottenuto il premio Nobel per la scoperta del pione carico con la tecnica delle emulsioni nucleari (figura 14 di pagina 62).*

Il congresso dell'Unesco (l'Organizzazione delle Nazioni Unite per l'educazione, la scienza e la cultura) tenutosi a Firenze nel 1950 fu un passaggio fondamentale. Qui il premio Nobel Isidor Rabi della Columbia University di New York, dopo averne discusso anche con Edoardo Amaldi durante una vi-

* La scoperta del pione carico è il frutto del lavoro congiunto di Cecil Powell, César Lattes e Giuseppe Occhialini, ma soltanto il primo dei tre ricevette il Nobel, nel 1950.

sita a Roma, propose la creazione di un laboratorio internazionale di ricerca di base, come strumento per la ricostruzione scientifica dell'Europa.

Subito dopo il testimone passò al francese Pierre Auger, che dirigeva la divisione di Scienze naturali dell'Unesco. Auger era un maestro della fisica sperimentale; tra l'altro aveva scoperto che i raggi cosmici di alta energia producono nell'atmosfera cascate di particelle che prendono il nome di «sciami estesi».

Non si poteva non essere affascinati da Auger: era alto, portava una barba da scienziato dei fumetti, aveva un'ampia cultura classica e scriveva poesie. Me ne regalò un libriccino, quando da adolescente trascorsi un'estate nella sua vecchia casa di vacanza in Bretagna. La casa sorgeva in un villaggio che tra i fisici era noto come «Sorbonne plage», perché frequentato tutte le estati dalle famiglie di eminenti professori dell'università parigina, tra i quali – negli anni Venti e Trenta – anche Marie Curie.

Auger e Amaldi volevano sin dall'inizio creare un vero laboratorio internazionale, possibilmente in un luogo neutrale e geograficamente centrale come la Svizzera. I fisici del nord Europa – raccolti intorno al grande Niels Bohr – puntavano invece a una organizzazione decentrata, che potenziasse le strutture e gli acceleratori dei laboratori già esistenti. Vi furono discussioni e scambi di lettere molto aspri, ma alla fine prevalse l'idea della centralità, grazie anche alla rapidità con cui i fisici del Sud si mossero. Non a caso i primi diecimila dollari furono donati all'Unesco dall'Italia e dalla Francia.

Figura 18. Edoardo Amaldi (a destra) con Pierre Auger alla seduta del Consiglio del CERN tenutasi a Parigi nel 1953.

Nel 1952 Amaldi fu nominato Segretario Generale dell'organizzazione provvisoria, in attesa che i parlamenti dei dodici Stati membri ratificassero il trattato internazionale che avrebbe sancito l'organizzazione definitiva.

Nell'agosto di quello stesso anno una delegazione di esperti (tra i quali Rolf Wideröe) visitò il Cosmotrone di Brookhaven, non ancora completato, e fu informata della recentissima invenzione della focalizzazione forte.

Al ritorno vi furono accesi dibattiti sulla strada da intraprendere e, alla fine, in ottobre Amaldi sottopose al Consiglio la decisione di costruire – senza aumentare i costi – un sincrotrone da 25 GeV basato sulle nuove idee, invece del sincrotrone da 5 GeV a focalizzazione debole proposto nel 1951.

Un'analoga decisione fu presa anche a Brookhaven per il successore da 30 GeV del Cosmotrone da 3 GeV, e i cantieri dei due sincrotroni – europeo e statunitense – partirono contemporaneamente.

Il ProtoSincrotrone (PS) del CERN, che ha una circonferenza lunga più di seicento metri, entrò in funzione nel 1959, mentre l'AGS (*Alternating Gradient Synchrotron*) di Brookhaven, lungo circa ottocento metri, iniziò ad accelerare particelle un anno più tardi.

Carlo Rubbia – premio Nobel per la fisica nel 1984 e Direttore Generale del CERN dal 1989 al 1994 – ha scritto nella biografia di Edoardo Amaldi, pubblicata dalla Royal Society:

> Amaldi era ispirato da due chiari princìpi. Innanzitutto era convinto che la scienza non dovesse essere perseguita per scopi militari. In secondo luogo, Amaldi era un europeo convinto e si rese conto molto presto che nessuna nazione europea poteva fare da sé scientificamente e tecnologicamente: per competere dovevano collaborare. Il laboratorio è divenuto il più grande centro di fisica del mondo, ove lavorano più della metà di tutti i fisici delle particelle del nostro pianeta. Il sogno di Amaldi di ristabilire un centro di eccellenza in Europa e di fermare la «fuga di cervelli» verso gli Stati Uniti si è completamente realizzato.

Fu proprio nel 1989, quando al CERN entrò in funzione il nuovo acceleratore LEP, che il flusso di scienziati si invertì, come è mostrato nella figura 19.

Da allora il numero di fisici delle particelle statunitensi che lavorano in Europa è maggiore del numero di fisici europei che lavorano in USA.

Alla fondazione del CERN parteciparono dodici Stati europei (inclusa la Jugoslavia); oggi gli Stati membri sono venti. Alla costruzione del suo attuale acceleratore, il *Large Hadron Collider* o LHC, hanno partecipato gli odierni Stati membri e anche gli Stati Uniti, il Giappone, la Federazione Russa, il Canada, l'India e Israele, che hanno messo a disposizione somme importanti e migliaia di ricercatori e hanno presenziato alle sedute del Consiglio Generale del CERN con lo status di «membri associati».

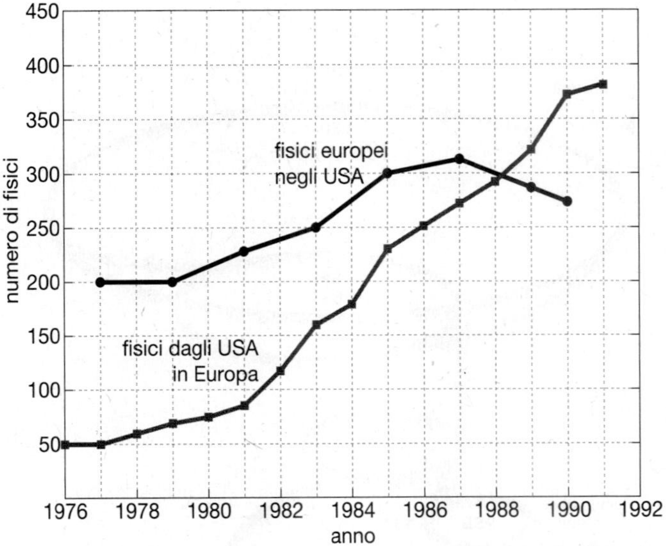

Figura 19. Il numero dei fisici particellari provenienti dagli USA che lavoravano in Europa tra la seconda metà degli anni Settanta e l'inizio degli anni Novanta, confrontato con il numero dei colleghi europei che lavoravano negli Stati Uniti.

La prima macchina del CERN: il PS

In più di sessant'anni il Protosincrotrone, la prima storica macchina del CERN, ha accelerato tutti i tipi di particelle: elettroni e antielettroni, protoni e antiprotoni e anche nuclei pesanti come il piombo.

Ancora oggi PS è il cuore pulsante del centro di ricerca, perché fornisce la prima spinta acceleratrice alle particelle da iniettare nell'anello di LHC. Le particelle accelerate da PS entrano in SPS e poi sono iniettate all'energia di 450 GeV in LHC, come mostra lo schema della figura 20.

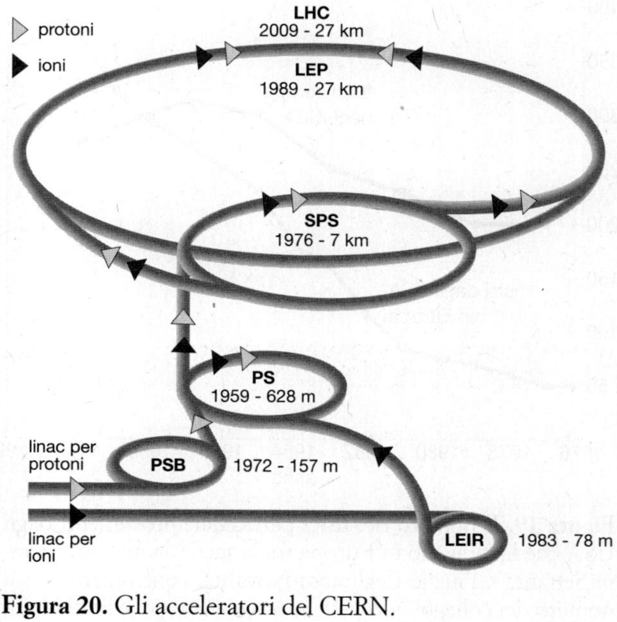

Figura 20. Gli acceleratori del CERN.

Il PS accelerò i primi protoni nel 1959, proprio nei mesi in cui facevo la mia prima visita al CERN e decidevo di fare domanda per una borsa di studio, con l'intenzione di lasciare per un paio d'anni il Laboratorio di fisica dell'Istituto Superiore di Sanità.

Al CERN entrai a far parte di un gruppo di ricerca diretto dall'italiano Giuseppe Fidecaro e lavorai a una serie di esperimenti per lo più dedicati a comprendere le proprietà degli antiprotoni, scoperti qualche anno prima da Emilio Segrè e collaboratori.

I protoni da 25 GeV estratti dal PS erano guidati da un «canale di trasporto», fatto di magneti deflettori e di quadrupoli, e colpivano un bersaglio fisso, che poteva essere un pezzo di carbone oppure un recipiente contenente un particolare fluido.

In alcuni esperimenti si studiava la creazione di nuove particelle, tra cui gli antiprotoni, causata dalle collisioni dei protoni incidenti con il bersaglio.

In altri si usavano i prodotti delle collisioni per formare fasci *secondari* di particelle che non si incontrano normalmente in natura, quali gli stessi antiprotoni, i pioni e i muoni. Le loro proprietà venivano studiate bombardando con questi fasci secondari altri bersagli fissi.

Nel 1962 rientrai a Roma con la mia famiglia, ma continuai a tornare periodicamente a Ginevra per partecipare a un'altra serie di esperimenti, in cui alle emulsioni nucleari e alle camere a nebbia era subentrato un nuovo tipo di rivelatore di particelle: le «camere a bolle», che hanno avuto una parte importantissima nello sviluppo della fisica subnucleare.

Come vedremo meglio nel prossimo capitolo, in una camera a bolle le tracce delle particelle cariche sono visualizzate dalle bollicine che si formano in un liquido surriscaldato, cioè a temperatura e pressione tali che – nell'istante in cui si scatta la foto – è in procinto di bollire.

In queste condizioni instabili le cariche elettriche, liberate nel liquido dal passaggio di una particella carica, portano alla vaporizzazione locale del liquido e quindi alla formazione di microbollicine.

Figura 21. La camera a bolle a idrogeno da 2 metri ha iniziato a funzionare nel 1967 in un fascio secondario del PS. A destra due eventi: nel primo la collisione del pione incidente con un protone crea molte particelle; nel secondo crea due particelle neutre (un kaone K^0 e una lambda Λ^0, con traiettorie indicate da linee tratteggiate), che dopo pochi centimetri decadono ognuna in due particelle cariche.

La figura 21 mostra due foto scattate in una camera a bolle a idrogeno liquido. Il fluido, tenuto a 250 gradi sotto zero, è allo stesso tempo il bersaglio fisso e il mezzo di rivelazione delle traiettorie percorse dalle particelle.

Nella figura le tracce delle particelle cariche sono leggermente curvate da un campo magnetico che è perpendicolare al foglio: dalla curvatura di ciascuna si può risalire all'energia delle particelle, e poi calcolare le loro masse applicando le leggi di conservazio-

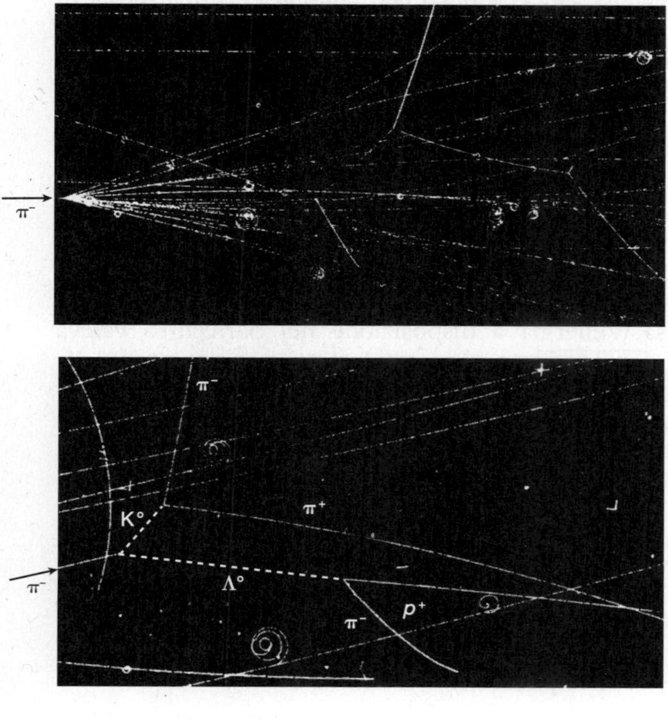

ne dell'energia. Le masse delle nuove particelle create nella seconda collisione tra un pione e un protone dell'idrogeno valgono 0,5 GeV (per il kaone K^0) e 1,11 GeV (per la lambda Λ^0).

Gli acceleratori a bersaglio fisso e i loro limiti

La produzione di nuove particelle (e antiparticelle) dipende dall'energia a disposizione nel baricentro della collisione. Nel caso dell'urto di una particella veloce, che si muove con energia *E*, e una ferma di massa *M*, l'energia nel baricentro è data da una formula piuttosto semplice, ma approssimata:

$$\text{energia nel baricentro} = \sqrt{2ME} \quad \text{(bersaglio fisso)}$$

dove *M* ed *E* sono entrambe espresse in GeV.

Per esempio, nel secondo evento della figura 21 il pione incidente aveva un'energia $E = 16$ GeV. Poiché il protone bersaglio ha 1 GeV di massa, l'energia a disposizione nel baricentro valeva $\sqrt{2 \times 1 \times 16} = 5{,}65\,\text{GeV}$, decisamente maggiore della somma delle masse delle due particelle K^0 e Λ^0 create nella collisione (che è pari a 1,61 GeV).

Nella radice quadrata della formula è condensato un grave inconveniente delle collisioni con un bersaglio fisso: se si vuole *raddoppiare* l'energia nel baricentro è necessario *quadruplicare* l'energia della particella incidente.

Nel PS, per esempio, che è lungo 600 metri e produce protoni da 25 GeV, l'energia nel baricentro di una collisione con un protone fermo vale $\sqrt{2 \times 1 \times 25} = 7{,}1\,\text{GeV}$.

Se si raddoppia l'energia dei protoni passando da 25 GeV a 50 GeV – con un sincrotrone da 1200 metri di circonferenza – l'energia a disposizione nel baricentro passa soltanto da 7,1 GeV a 10 GeV (infatti $\sqrt{2 \times 1 \times 50} = 10\,\text{GeV}$).

La formula dice dunque che la collisione di una particella in moto con una particella ferma è un modo inefficiente per creare nuove particelle: dei 50 GeV di energia che il protone ha acquistato durante il ciclo di accelerazione, soltanto 10 GeV si trovano nel baricentro della collisione.

Dopo l'urto con il protone fermo, infatti, il protone in moto conserva una grande frazione della propria energia, mentre ne resta poca a disposizione per produrre nuove particelle. In altre parole, il baricentro della collisione si muoveva prima dell'urto e continua a muoversi dopo l'urto, sottraendo gran parte dell'energia alla produzione di nuove particelle.

Esiste un modo meno dispendioso per aumentare l'energia nel baricentro? La risposta è sì: la collisione di due protoni, che si vengono incontro con uguale energia *E,* è molto più efficiente rispetto alla collisione a bersaglio fisso, perché il baricentro della collisione è fermo e l'energia è la somma delle due energie:

$$\text{energia nel baricentro} = E + E = 2E \qquad \text{(collisore)}$$

Per ottenere 10 GeV nel baricentro, ciascuno dei protoni deve avere un'energia totale di 5 GeV. A questo scopo il sincrotrone, che accelera uno dei fasci di protoni, avrebbe una circonferenza 10 volte inferiore a quella del sincrociclotrone da 50 GeV (50 GeV/5 GeV = 10) e sarebbe lungo 120 metri invece di 1200 metri. Oggi chiamiamo *collisore* un acceleratore di questo tipo.

Una svolta: i collisori di particelle

L'idea del collisore di particelle venne brevettata nel 1943 da Rolf Wideröe, l'inventore dell'acceleratore lineare che ispirò a Lawrence il suo ciclotrone.

I primi studi di collisori protone-protone, condotti negli Stati Uniti negli anni Cinquanta, misero però in luce una grave difficoltà. Consideriamo due sincrotroni concentrici, che si intersecano come nel-

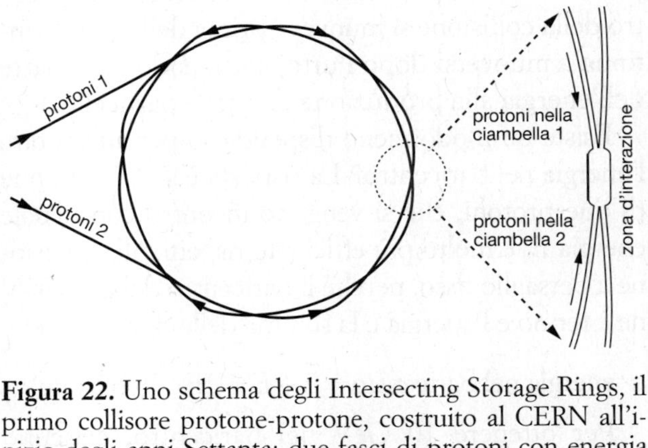

Figura 22. Uno schema degli Intersecting Storage Rings, il primo collisore protone-protone, costruito al CERN all'inizio degli anni Settanta: due fasci di protoni con energia massima di 31 GeV circolavano in due sincrotroni lunghi ciascuno 1 km, che si intersecavano in otto punti.

la figura 22 e in cui circolano gruppi di protoni in verso opposto. In queste condizioni è come se lanciassimo due manciate di chicchi di riso una contro l'altra: il numero di collisioni nei punti di raccordo è piccolissimo. Questo è vero anche se i gruppi sono fatti di milioni di particelle, perché i protoni, pur incrociandosi, passano troppo lontani uno dall'altro.

Per aumentare di molto il numero di collisioni che si hanno ogni secondo (quella che i fisici chiamano la *luminosità* del collisore) è necessario ridurre le dimensioni trasverse del gruppo e aumentare il numero di particelle di cui ciascuno di essi è fatto.

Da sempre questo è il principale ostacolo alla costruzione di collisori in grado di produrre ogni ora un numero significativo di eventi di collisione e, di conseguenza, numerose nuove particelle. Nonostante l'invenzione di nuove tecniche, ancora oggi la luminosità è l'agente limitante dei risultati raggiungibili con i collisori di particelle.

L'idea del collisore più efficace ed elegante è nata in Italia, nei Laboratori di Frascati dell'INFN, per merito del fisico austriaco Bruno Touschek.

Touschek era un uomo fuori dal comune e la sua vita è stata straordinaria. Nacque a Vienna nel 1921 da madre ebrea. A causa delle persecuzioni razziali, superò in incognito l'esame di maturità e subito dopo, nel 1943, fuggì ad Amburgo. Qui non poté iscriversi all'università, ma frequentò ugualmente alcuni corsi mentre lavorava, pur senza una posizione riconosciuta, nel laboratorio di Wideröe. Sotto la sua guida Touschek cominciò a interessarsi agli acceleratori di particelle, mentre continuava a pubblicare lavori di fisica teorica di grande profondità intellettuale.

Nonostante la vita nascosta, andava regolarmente alla Camera di commercio, dove leggeva i giornali stranieri. Per questa sua abitudine fu individuato e messo in carcere dalla Gestapo. Durante una marcia di trasferimento, crollato al suolo, sopravvisse al colpo di pistola di un ufficiale delle SS. In seguito lavorò brevemente con Heisenberg a Gottinga e, dopo la guerra, si trasferí all'Università di Glasgow per completare i suoi studi. Nel 1952 si recò poi a Roma, dove fu affascinato dalle attività che vi si svolgevano e non esitò, su invito di Edoardo Amaldi, a restarvi. Si integrò benissimo perché vi aveva abitato da ragazzo, ospite di una ricca zia che aveva sposato un industriale italiano.

Acuto spirito viennese, Touschek sapeva catturare, con una frase o un disegno, l'essenza di ogni situazione. Le sue osservazioni suonavano particolarmente divertenti in italiano perché, pur parlando benissimo la nostra lingua, le infarciva di espressioni improbabili tradotte alla lettera dal tedesco e dall'inglese.

In una conferenza scientifica divenuta oramai famosa e tenutasi a Frascati il 7 marzo del 1960, Touschek spiegò che un gruppo di elettroni e un gruppo di antielettroni, se dotati della stessa energia, circolerebbero in un singolo sincrotrone percorrendo *esattamente* la stessa orbita, ma in verso contrario, perché dotati di cariche elettriche opposte. In questo caso non sarebbero state necessarie le due ciambelle intersecantesi della figura 22.

Figura 23. A sinistra Bruno Touschek e a destra Gerš Ickovič Budker, che i colleghi chiamavano Andrej Michajlovič, o più semplicemente AM.

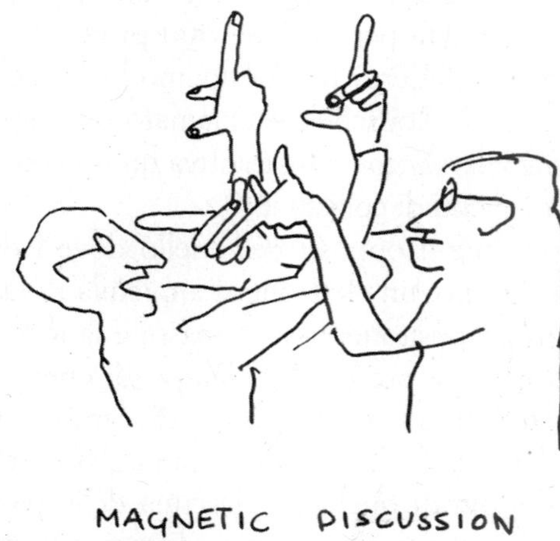

Figura 24. Quando le discussioni si dilungavano troppo, Touschek fotografava la situazione con un rapido schizzo che, lasciato sul tavolo, era poi raccolto da amici e colleghi. Questo ridicolizza i dibattiti che talvolta erano necessari per definire la direzione del campo di un elettromagnete.

Una volta iniettati nel sincrotrone in verso opposto, gli elettroni e i positoni – accelerati contemporaneamente dalla stessa cavità a radiofrequenza, posizionata in un punto lungo la ciambella come in un normale sincrotrone (figura 15 a pagina 69) – possono essere portati all'energia voluta e poi mantenuti in circolazione per parecchie ore (naturalmente il gas residuo all'interno della ciambella del sincrotrone deve essere sufficientemente rarefatto da non costituire un impedimento).

Inoltre nuovi gruppi di elettroni e di positoni vengono ripetutamente iniettati e vanno ad «accumularsi» con quelli già in circolo nel sincrotrone: il loro numero viene gradualmente aumentato (per qualche minuto, o talvolta per qualche ora) prima di accelerarli e farli collidere. In questo modo l'acceleratore proposto da Touschek – chiamato per l'appunto *anello di accumulazione* – garantiva un numero significativo di eventi di collisione.

Nei due punti opposti dell'anello dove i due fasci si incrociano, un elettrone si annichila di tanto in tanto con un positone: la loro massa e la loro carica scompaiono e si produce un lampo di energia elettromagnetica pura, perché priva di carica elettrica. Questo lampo, di durata infinitesima, ha un'energia pari al doppio di quella di ciascuna delle particelle originarie. Esso scompare immediatamente, trasformandosi nella massa di riposo e nell'energia cinetica di nuove particelle.

Fin dall'inizio fu chiaro a Touschek che, per ottenere un numero sufficiente di annichilazioni elettrone-positone ogni secondo, i due fasci accumulati e controrotanti dovevano soddisfare tre condizioni: 1) essere abbastanza intensi; 2) circolare senza perdere intensità almeno per qualche ora; 3) avere nei punti di interazione dimensioni trasversali ben più piccole di un millimetro.

Si trattava di richieste molto stringenti, ma in pochi anni furono soddisfatte e superate.

I primi collisori elettrone-positone

Subito dopo la proposta di Touschek iniziò a Frascati la costruzione di un piccolo *Anello di Accumulazione* (AdA), che fu realizzato in un solo anno e dimostrò la validità del principio di funzionamento. Ciascun fascio circolante aveva un'energia di 0,25 GeV.

AdA è stato il capostipite di tutti gli anelli di collisione materia-antimateria. Non appena fu accertato che funzionava, vicino a Parigi un gruppo di fisici francesi costruì un anello di accumulazione di 0,5 GeV; l'INFN poi progettò e costruì a Frascati, sotto la direzione di Fernando Amman, un anello di accumulazione ancora più grande – in ciascuna annichilazione si liberavano 3 GeV – che cominciò a funzionare nel 1968 con il nome di Adone.

Anelli simili furono costruiti negli stessi anni a Novosibirsk (URSS), dove il fisico russo Gerš Budker, più o meno alla stessa epoca della conferenza di Touschek, propose sia i collisori elettrone-positone sia i collisori protone-antiprotone.

Budker era un personaggio tanto affascinante quanto Touschek. Figlio di un poverissimo contadino ucraino ucciso da un partigiano durante la rivoluzione russa, era così bravo a scuola che riuscì a iscriversi all'Università di Mosca; ma la prima volta che si presentò alle selezioni d'ingresso, fu scartato per aver dichiarato che la devastante mancanza di cibo in Unione Sovietica era dovuta alla collettivizzazione delle terre imposta dal governo. Fece il lavoro di tesi con il premio Nobel Igor Tamm e durante la Seconda guerra mondiale partecipò alle ricerche sovietiche per lo sviluppo della bomba atomica, specializzandosi in reattori a fissione. Poi, lavorando con Vladimir Veksler alla progettazione del Sincrofasatrone, si fece conoscere come esperto di acceleratori, proponendo un nuovo metodo per estrarre i fasci di protoni.

Nel 1958, poiché era già uno scienzato noto, gli fu offerto di andare in Siberia a dirigere l'Istituto di fisica nucleare della nuova città della scienza Akademgorodok, allora in costruzione in una foresta di pini vicino a Novosibirsk. Budker accettò per tirarsi fuori dalle beghe politico-accademiche della capitale, a cui non sapeva sottrarsi per il suo carattere focoso e intransigente, e in pochi anni il suo Istituto divenne il più importante della nuova città. Al picco delle attività vi lavoravano tremila persone, che utilizzavano quattro acceleratori e diversi impianti ideati da Budker per lo studio della produzione d'energia attraverso la fusione nucleare. Per procurarsi il denaro necessario per la ricerca l'Istituto costruiva, e ancora costruisce, acceleratori di elettroni utilizzati nell'industria russa, nonché componenti per acceleratori che sono molto apprezzati all'estero.

Con alcuni giovani collaboratori entusiasti Budker progettò il collisore elettrone-elettrone VEPP1, che fu assemblato a Mosca e poi portato a Novosibirsk. Il successivo collisore elettrone-positone VEPP2, la cui costruzione iniziò nell'Istituto di fisica nucleare nel 1960, fu completato nel 1966 superando enormi difficoltà tecniche, complicate dalla burocrazia sovietica e dalla carenza di industrie di alta tecnologia.

Agli inizi degli anni Sessanta le condizioni di lavoro in Italia e in Unione Sovietica erano assai diverse, ma certo non molto favorevoli. Eppure come abbiamo visto, per merito di due grandi personalità, l'invenzione e le prime realizzazioni dei collisori elettrone-positone avvennero fuori degli Stati Uniti, che allora dominavano il campo sia per la quantità di investimenti sia per il numero di laboratori. Purtroppo a Bruno Touschek e a Gerš Budker non fu mai assegnato il premio Nobel che, se fossero stati statunitensi, sicuramente avrebbero avuto.

A partire dal 1965 furono costruiti, oltre ad Adone, anelli di accumulazione elettrone-positone con energie totali ancora più elevate, comprese tra i 10 e i 40 GeV, ad Amburgo in Germania e a Cambridge, a Ithaca e a Stanford negli Stati Uniti, in Giappone.

Infine nel 1989 al CERN entrò in funzione il LEP, un collisore circolare lungo 27 kilometri, capace di accelerare elettroni e positoni fino a energie comprese tra i 50 GeV e i 100 GeV (figura 25). Ne parleremo in dettaglio nel capitolo 4.

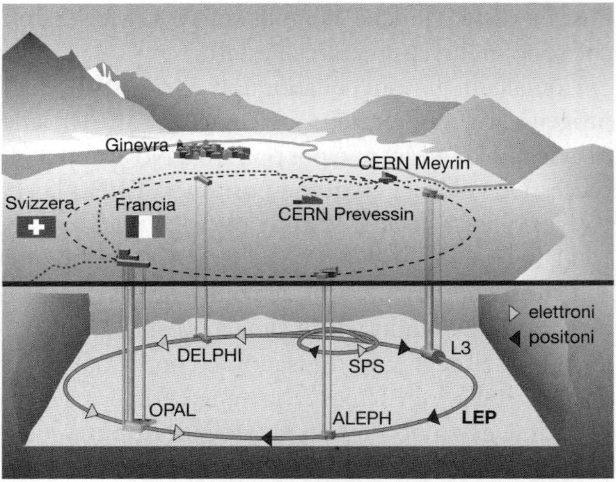

Figura 25. Il tunnel del LEP, che ha un diametro di circa 4 metri, è lungo 27 kilometri e si trova a 100 metri di profondità nella piana che va dal lago di Ginevra fino alle pendici del Giura francese. Le collisioni avvenivano nei quattro rivelatori L3, ALEPH, OPAL e DELPHI. Nel 2002 il LEP è stato sostituito, nello stesso tunnel, da LHC.

I collisori protone-antiprotone

Tra la conferenza di Touschek del 1960 e l'accumulazione di elettroni e positoni in AdA passò meno di un biennio. Al contrario, l'idea di un anello di accumulazione protone-antiprotone – proposta da Budker e collaboratori nel 1966 – dovette attendere molti anni per essere realizzata.

Come accade per le collisioni elettrone-positone, anche per le collisioni protone-antiprotone è necessario un anello nel quale le particelle si accumulino, circolando lungo la stessa traiettoria ma in verso opposto per molte ore. In questo caso però la difficoltà risiede proprio nella produzione di un numero sufficiente di antiprotoni da accumulare. Infatti gli antiprotoni, come i positoni, non esistono in natura e devono essere creati facendo collidere altre particelle con un bersaglio fisso. Ma la massa di un antiprotone è duemila volte maggiore della massa di un positone, perciò la sua creazione richiede duemila volte più energia. Inoltre il fenomeno è molto più raro: è necessario bombardare un bersaglio fisso di rame o tungsteno con dieci milioni di protoni da 30 GeV per produrre un solo antiprotone!

C'è poi un'altra difficoltà. Gli antiprotoni prodotti dalla collisione dei protoni con un bersaglio fisso emergono dal bersaglio sparpagliati e con energie diverse: risulta impossibile raccoglierli in piccoli gruppi, adatti a essere accelerati in una ciambella di sezione piccola come quella usata per elettroni e positoni nel LEP.

Quest'ultimo ostacolo fu superato grazie alla tecnica del *raffreddamento stocastico*, ideata nel 1972 dall'ingegnere olandese Simon van der Meer. Fu Carlo Rubbia a proporre, nel 1978, di utilizzare questa tecnica per costruire al CERN un anello di accumulazione per antiprotoni, detto *Antiproton Accumulator* (AA), che entrò in funzione nel 1980.

Per permettere l'iniezione e la circolazione di un numero sufficiente di antiprotoni, la sezione della ciambella di questo sincrotrone era molto grande e richiedeva magneti deflettori e quadrupoli particolarmente massicci (figura 26).

Figura 26. La ciambella dell'Accumulatore di antiprotoni (AA) è molto grande, come si vede dalle dimensioni dei magneti deflettori e dei quadrupoli, in modo da permettere l'accumulazione dei gruppi di antiprotoni che sono iniettati nell'anello con direzioni ed energie molto variegate.

Durante la fase di accumulazione gli antiprotoni di un gruppo circolavano nell'anello per molte ore. Una volta accumulati, venivano gradualmente compattati («raffreddati»), correggendo la loro posizione con un segnale elettrico tanto più grande quanto più si discostavano dall'orbita voluta. Il segnale di misura della posizione era trasmesso da una parte all'altra dell'anello con il cavo indicato nella figura 26 come «trasferimento del segnale». Questo segnale permetteva la correzione della posizione *media* degli antiprotoni di uno stesso gruppo; si parla di raffreddamento «stocastico» proprio perché il processo è statistico, non determinato particella per particella.

Gli antiprotoni accumulati nell'AA venivano poi iniettati nel SuperProtoSincrotrone (SPS), trasformato per l'occasione in un collisore protone-antiprotone ($Sp\bar{p}S$, *Super proton-antiproton Sincrotron*).

Già all'inizio del 1983 furono annunciate le prime importanti scoperte ottenute con la nuova macchina acceleratrice, che valsero a Rubbia e a van der Meer il premio Nobel: dapprima la particella W, che causa i decadimenti radioattivi, e poi la particella Z.

Come vedremo nel prossimo capitolo, queste due particelle sono i «cugini pesanti» dei fotoni, con masse dell'ordine dei 100 GeV.

Il raffreddamento stocastico è stato quindi un progresso tecnico all'altezza degli altri quattro che hanno permesso il rapido sviluppo degli acceleratori di particelle: 1) l'accelerazione ripetuta; 2) la stabilità di fase; 3) la focalizzazione forte; 4) gli anelli di accumulazione.

Acceleratori vecchi, recenti e futuri

La figura 27 (detta «grafico di Livingston», perché il primo a disegnarla fu Stan Livingston) dà un'impressione visiva dei progressi fatti a partire dal 1930 nelle collisioni di protoni e di antiprotoni.

Essa mostra come nuovi tipi di acceleratori siano via via comparsi sulla scena della fisica dei nuclei e delle particelle. Tra il 1930 e il 1990 l'energia *massima* delle collisioni protone-protone (e protone-antiprotone) è cresciuta seguendo la retta tratteggiata, che rappresenta una crescita *esponenziale*, perché intervalli uguali sull'asse verticale corrispondono a un aumento di energia di un fattore 10.

In passato l'energia raggiunta da alcuni tipi particolari di acceleratori non ha seguito la crescita esponenziale; per esempio nella figura 27 la traccia dei *protosincrotroni*, usati per bombardare un bersaglio fisso, si discosta dalla linea tratteggiata.

Ma nel complesso la progressione si è mantenuta, perché nuovi tipi di acceleratori più evoluti e meno costosi hanno sostituito gli acceleratori della generazione precedente. È accaduto proprio questo quando i collisori ISR (figura 22), $\mathrm{Sp\bar{p}S}$ e Tevatrone hanno sostituito i protosincrotroni.

L'energia del Tevatrone – il collisore antiprotone-protone del Fermilab, vicino Chicago, entrato in funzione nel 1988 – è ancora sulla retta che descrive la crescita esponenziale, mentre il *Large Hadron Collider* (LHC), entrato in funzione al CERN nel 2009, ha un «ritardo» di 7–8 anni rispetto a questo andamento.

L'LHC è un collisore protone-protone che ha sostituito il LEP nel tunnel sotterraneo di 27 km di circonferenza. È formato da due sincrotroni concentrici, che si intersecano nei punti dove sono collocati i quattro grandi rivelatori delle collisioni protone-protone. Negli anni 2009–2012 hanno circolato nei

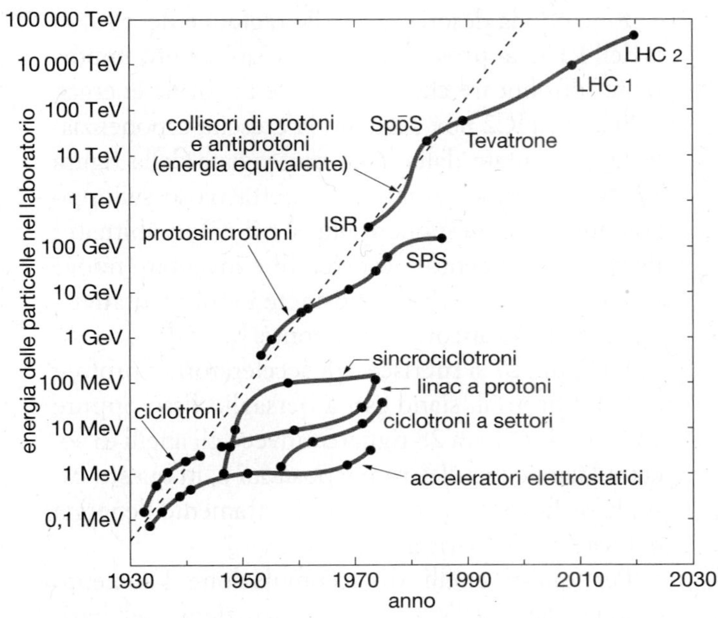

Figura 27. L'evoluzione nel tempo dell'energia dei protoni accelerati. Per i collisori (ISR, Sp$\bar{p}$S, Tevatrone e LHC) è riportata l'energia «equivalente» tale che, nello scontro tra un protone con quell'energia e un protone fermo, l'energia nel baricentro sia uguale a quella delle due particelle che si scontrano nel collisore. «Linac» sta per *linear accelerator*, cioè «acceleratore lineare».

due sincrotroni protoni da 3500–4000 GeV, raggiungendo energie nel baricentro della collisione pari a 7000–8000 GeV. Questo è il programma indicato con il simbolo LHC1 nella figura 27.

Si prevede di raggiungere i 13 000 GeV totali nel 2015. In futuro si monteranno probabilmente magneti ancora più potenti (LHC2).

Rimando la descrizione delle ragioni e dei risultati dell'LHC al prossimo capitolo; qui è però importante sottolineare che, nonostante l'enorme energia, LHC1 e LHC2 *non* seguono la crescita esponenziale rappresentata dalla linea tratteggiata della figura 27. Se si volesse tornare allo spettacoloso sviluppo con andamento esponenziale, a cui erano abituati i fisici del Novecento, occorrerebbe inventare nuove tecnologie, che però – nonostante i molti tentativi – oggi non sono ancora all'orizzonte.

La figura 27 si riferisce agli acceleratori di protoni e di antiprotoni, siano essi a bersaglio fisso oppure collisori. La figura 28 riguarda invece gli anelli di accumulazione per elettroni e positoni e, in questo caso, le ordinate rappresentano direttamente l'energia nel sistema del baricentro.

Per questi anelli di accumulazione l'aumento esponenziale dell'energia a disposizione nel baricentro della collisione si è mantenuto sino al LEP del CERN, ma non potrà essere seguito nel ventunesimo secolo: la linea degli anelli di accumulazione elettrone-positone deve essere infatti abbandonata, a causa del grande dispendio di energia che tali acceleratori richiedono.

Gli elettroni e i positoni, che hanno massa piccola (soltanto 0,5 MeV = 0,0005 GeV), percorrendo un'orbita circolare emettono continuamente raggi X. Questa energia perduta, detta *radiazione di sincrotrone*, aumenta enormemente al crescere dell'energia degli elettroni accelerati e deve essere rifornita a ogni giro dalle cavità a radiofrequenza che accelerano i fasci di particelle circolanti.

In AdA e in VEPP2 gli elettroni e i positoni avevano poca energia e quindi la perdita per radiazione di sincrotrone era trascurabile, ma al LEP bisognava rifornire *a ogni giro* ben 3 GeV sui 100 GeV di ener-

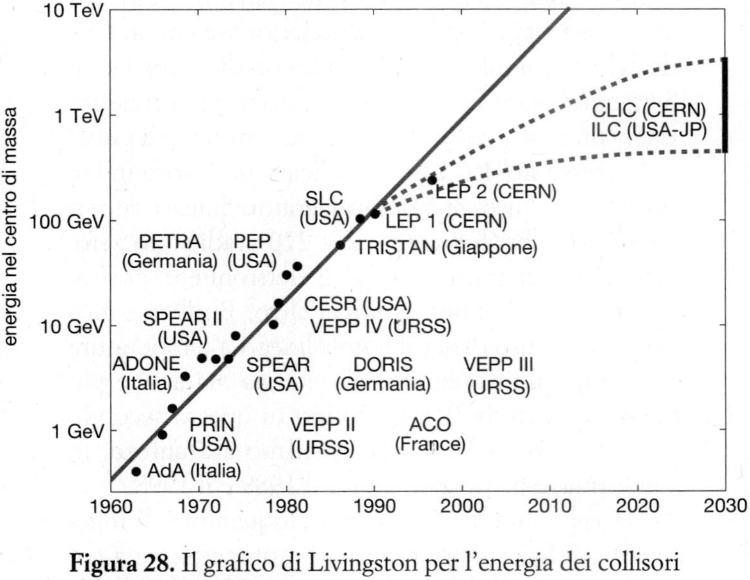

Figura 28. Il grafico di Livingston per l'energia dei collisori elettrone-positone.

gia delle particelle circolanti. Se si volessero raggiungere i 1000 GeV perdendo sempre 3% dell'energia a ogni giro, l'anello dovrebbe essere lungo circa 30 000 kilometri!

Questo problema non esiste per i collisori di protoni, perché un protone è duemila volte più massiccio di un elettrone, e l'energia persa sotto forma di raggi X diminuisce rapidamente al crescere della massa.

Le perdite di energia di elettroni e positoni diminuiscono quando si aumenta il raggio del sincrotrone nel quale circolano. Proprio per limitare la perdita al 3% per giro, il LEP aveva un raggio di 4,3 kilometri e, quindi, una lunghezza di 27 kilometri.

In un anello di accumulazione elettroni e positoni emettono raggi X perché la traiettoria è curva. Onde evitare completamente queste perdite, negli anni Settanta è stato proposto di raddrizzare la traiettoria, realizzando *collisori lineari* da centinaia di GeV.

Io stesso nel 1975 ho pubblicato un lavoro in cui proponevo l'uso di due acceleratori lineari superconduttori che, funzionando a 270 gradi sotto zero, avrebbero «sparato» gruppi di elettroni e di positoni da 150 GeV l'uno contro l'altro. Budker e altri proposero l'uso di acceleratori lineari a temperatura ambiente, più dispendiosi in energia ma anche più facili da costruire. Un prototipo di questo secondo tipo di collisore lineare fu costruito a Stanford, in California, e ha funzionato tra il 1989 e il 1998.

Da vent'anni al CERN una cinquantina di ingegneri e di fisici sono impegnati a progettare e a costruire prototipi del CLIC (*Compact LInear Collider*, figura 29), un collisore lineare elettrone-positone che può raggiungere i 3000 GeV di energia in circa 40 km di lunghezza. In parallelo una collaborazione internazionale, guidata da statunitensi e giapponesi, ha progettato l'ILC (*International Linear Collider*), che è basato su linac superconduttori.

Nella figura 28 ho fatto l'ipotesi che uno dei due collisori (ILC o CLIC) entri in funzione nel 2030, con un'energia totale compresa tra 500 e 3000 GeV. Quali saranno gli obiettivi scientifici? Per definirli bisognerà attendere i risultati di LHC2, ma già da ora si pensa allo studio dettagliato delle «superparticelle», di cui parlerò nel capitolo 4.

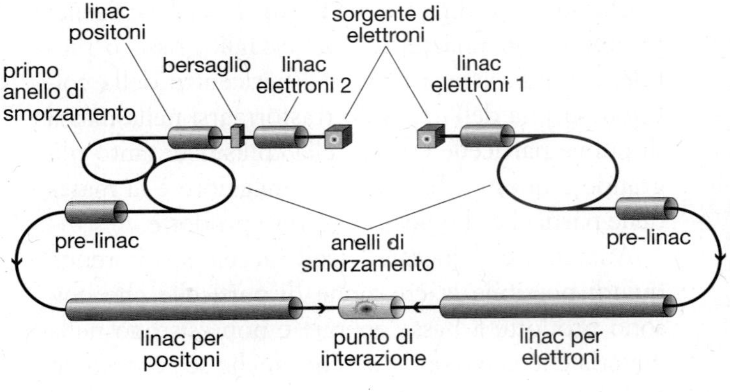

Figura 29. Il progetto CLIC: due acceleratori lineari – lunghi ciascuno una ventina di kilometri – «sparano» un fascio di elettroni contro un fascio di positoni. I gruppi di elettroni sono accelerati dal «linac elettroni 1» e compattati negli anelli di accumulazione detti *anelli di smorzamento*.

Perché «sempre più veloci»?

L'energia delle particelle negli acceleratori del CERN è passata in cinquant'anni dai 25 GeV del PS ai 4000 GeV dell'LHC e gli esperimenti a bersaglio fisso sono stati sostituiti dalle collisioni tra particelle che si muovono in verso opposto. Perché i fisici vogliono spingere le particelle a energie sempre più elevate?

Il primo motivo risiede nell'equivalenza tra massa ed energia. La famosa formula $E = mc^2$ dice che, se scompare una massa m, necessariamente deve comparire una quantità di energia, pari al valore di m moltiplicato per il quadrato della velocità della luce c. Viceversa, se compare una massa m, deve giocoforza essere scomparsa una quantità di energia uguale a mc^2.

Questo vuol dire che nell'urto di una particella-proiettile con una particella-bersaglio, fissa o mobile, l'energia che si trova nel baricentro della collisione prima dell'urto può trasformarsi nella massa di nuove particelle create nella collisione: tanto più grande è questa energia, tanto maggiore è la massa delle particelle che possono essere prodotte.

Aumentare l'energia degli acceleratori rende quindi possibile la creazione di particelle che non sono prodotte a basse energie e non esistono nella materia che ci circonda perché, anche se generate in collisioni naturali ad altissima energia, decadono subito in particelle più stabili.**

** Come si è detto, a contare è l'energia disponibile nel sistema del baricentro della collisione; per questo i collisori sono tanto più efficaci rispetto agli acceleratori a bersaglio fisso.

Il secondo motivo per accelerare a energie sempre maggiori le particelle è che si possono così esplorare dimensioni più piccole e osservare dettagli maggiori del mondo subatomico, come mostra la figura 30.

Alle energie raggiunte dall'acceleratore LEP del CERN era possibile esplorare dimensioni fino a un millesimo del raggio di un protone, che vale 1 fermi, cioè 10^{-15} m. Con LHC, il successore del LEP, si arriva a un decimillesimo di fermi. A questa scala, come vedremo nel prossimo capitolo, gli elettroni e le altre particelle fondamentali – i quark – appaiono

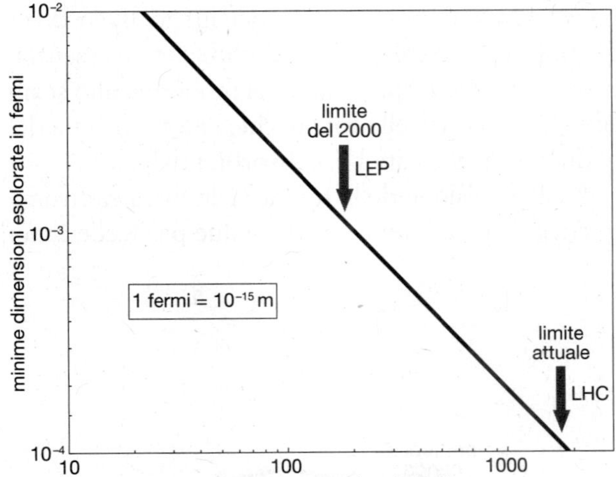

Figura 30. La minima dimensione esplorata in funzione dell'energia scambiata. I limiti indicati sono emersi dagli esperimenti eseguiti fino al 2000 al LEP e, a partire dal 2009, all'LHC.

ancora come punti materiali, più piccoli della decimillesima parte di un protone.

Perché energie maggiori permettono di esplorare dimensioni più piccole del mondo subatomico? La ragione sta nel modo in cui le particelle interagiscono quando collidono.

Consideriamo il caso di un elettrone che, a velocità molto prossima alla velocità della luce *c*, urta una particella elettricamente carica.

La collisione si può rappresentare con il disegno della figura 31, detto «grafico di Feynman», dove il tempo scorre da sinistra verso destra: prima della collisione, le due particelle si muovono lungo linee convergenti; dopo la collisione, lungo linee divergenti. Questo cambiamento di direzione è essenzialmente dovuto, secondo la fisica moderna, allo scambio di una «particella-forza» che, emessa da una delle due particelle cariche, è assorbita dall'altra.

Nella collisione della figura 31 la forza elettromagnetica con cui interagiscono le due particelle è cau-

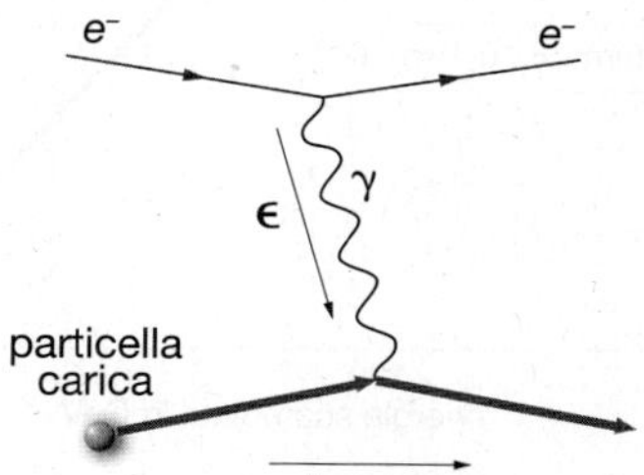

Figura 31. A causa dello scambio di un fotone di energia ϵ, elettrone e particella cambiano direzione di moto.

sata dallo scambio di un fotone (simbolo γ). Questo fotone ha una natura particolare perché – diversamente dai fotoni di un fascio di luce – ha una vita brevissima e non è rivelabile da alcuno strumento: per questo è chiamato *fotone virtuale*.

Un fotone virtuale di energia ϵ vive per il tempo concessogli dal principio di indeterminazione di Heisenberg, che abbiamo già scritto nella forma:

$$\Delta t = 0,2/\epsilon, \text{ con } \epsilon \text{ in GeV e } \Delta t \text{ in heisenberg.}$$

Per esempio, quando un elettrone emette un fotone di energia uguale alla sua massa, cioè un fotone di energia $\epsilon = 0{,}0005$ GeV, ciò può accadere soltanto per un tempo $\Delta t = 0{,}2 / 0{,}0005 = 400$ heisenberg. Dopo questo tempo il prestito di energia deve essere restituito e il fotone viene riassorbito dall'elettrone.

Durante il tempo $\Delta t = 0{,}2/\epsilon$ il fotone può allontanarsi dall'elettrone che lo ha generato fino a una distanza data dal prodotto della sua velocità c moltiplicata per Δt. Poiché in 1 heisenberg un fotone percorre 1 fermi (10^{-15} m), questa distanza vale:

$$R = 0,2/\epsilon, \qquad \text{con } R \text{ in fermi ed } \epsilon \text{ in GeV.}$$

Nel caso del fotone da 0,0005 GeV si tratta di 400 fermi che, sulla scala del mondo subatomico, è una distanza relativamente grande, essendo 400 volte maggiore del raggio di un protone.

Tornando all'esempio della collisione tra un elettrone e un'altra particella carica, allora, osserviamo che durante l'urto l'energia del fotone scambiato è distribuita per un tempo Δt su un volume di raggio R.

Se la particella-bersaglio ha diametro *D* più grande di *R,* il fotone emesso dall'elettrone interagisce soltanto con *una parte* della sua carica elettrica, e *D* può essere determinato osservando come l'elettrone rincula nella collisione. Ma se il diametro *D* è più piccolo di *R*, il fotone è assorbito da *tutta* la carica della particella bersaglio e nulla si può dire di *D,* perché il rinculo dell'elettrone è sempre lo stesso, indipendentemente dalle dimensione della particella bersaglio.

Questo ragionamento qualitativo mostra dunque che $R = 0{,}2 / \epsilon$ fermi (con ϵ in GeV) è il più piccolo dettaglio che è possibile studiare, quando in una collisione si scambiano particelle-forza di energia ϵ.

Per ridurre *R* occorre quindi aumentare l'energia disponibile nel baricentro della collisione. In altre parole: occorre far andare le particelle sempre più veloci.

Un terzo motivo

Per spingere l'energia degli acceleratori verso l'alto, due motivi come quelli descritti nel paragrafo precedente sono più che sufficienti. Eppure una trentina di anni fa ne è stato scoperto un terzo, ancora più convincente.

Negli anni Settanta noi fisici particellari eravamo intenti a osservare con gli acceleratori la produzione di particelle instabili di massa sempre maggiore, e a studiare dettagli sempre più piccoli del mondo subatomico, quando – con grande sorpresa e immenso entusiasmo – ci siamo ritrovati a risalire il corso del tempo, fino ai primissimi istanti di vita dell'universo primordiale.

Nel plasma cosmico vecchio soltanto di un microsecondo, infatti, avvenivano collisioni in cui si scambiavano energie dell'ordine del GeV. Immaginando di andare indietro nel tempo a partire da quell'istante, vedremmo l'universo rimpicciolire e la temperatura aumentare. Questo aumento di temperatura corrisponde a un'agitazione più violenta delle particelle e, quindi, a un aumento delle energie scambiate nelle collisioni. Per questa ragione acceleratori di energia maggiore permettono di riprodurre condizioni esistite in tempi sempre più remoti e vicini al Big Bang.

Fu così che, guidati dalle osservazioni e dai risultati sperimentali, fisici delle particelle e astrofisici si trovarono a remare tutti nella stessa direzione: la comprensione della storia dell'universo subito dopo il Big Bang. L'avventura, resa possibile dalla costruzione di acceleratori sempre più potenti, ha cosí guadagnato in ampiezza di scopi e in fascino.

Descrivendo gli obiettivi del CERN nelle conferenze divulgative, spesso tralascio di parlare di Heisenberg e di Einstein, ma mai dimentico di sottolineare che le collisioni dell'LHC riproducono alcune delle condizioni che esistevano un milionesimo di milionesimo di secondo dopo il Big Bang.

L'Epilogo del libro è dedicato proprio a questa disciplina che oggi si chiama *fisica cosmoparticellare*.

CERN
Route A.LAGARRIGUE

CAPITOLO 3

Particelle-materia e particelle-forza

Il centro di controllo degli acceleratori del CERN assomiglia a quelli delle missioni spaziali: un'ampia sala con decine di scrivanie e di monitor, piccoli sui tavoli e grandi alle pareti, su cui scorrono in tempo reale immagini, tabelle e grafici riguardanti il funzionamento delle varie macchine. L'edificio sorge lungo una strada immersa nel verde, via André Lagarrigue.

Questo fisico francese è sconosciuto al grande pubblico, eppure fu all'origine della prima grande scoperta fatta al CERN, quella delle cosiddette «correnti neutre», che ha aperto la strada alla unificazione delle forze.

Nel 1963 a Siena, durante un congresso internazionale, André Lagarrigue si trovò a conversare in un caffè di Piazza del Campo con Luis Alvarez, l'inventore della camera a bolle a idrogeno liquido. Guardando al futuro, i due fisici immaginarono un'enorme camera a bolle contenente propano o freon: avrebbe permesso di osservare le collisioni con la materia non soltanto dei protoni e dei pioni, ma perfino degli elusivi neutrini, che interagiscono molto più con i nuclei di quei liquidi pesanti che con i protoni dell'idrogeno.

In seguito Lagarrigue riuscì a fare approvare e finanziare la nuova camera a bolle, prima in Francia e poi al CERN; fu battezzata «Gargamelle», come la gigantesca madre del Gargantua inventato da François Rabelais. L'appellativo era ben meritato, giacché si trattava di una camera a bolle lunga 4 metri e con un diametro di 2 metri. Per realizzarla Lagarrigue, che aveva straordinarie qualità umane e organizzative, mise insieme la più grande collaborazione scientifica dell'epoca: comprendeva una cinquantina di fisici e decine di ingegneri e tecnici.

La prima immagine fu catturata dalle otto macchine fotografiche di Gargamelle a fine 1970. Nel marzo 1972 il giovane italiano Antonino Pullia presentò ai colleghi una quindicina di fotogrammi che mostravano collisioni molto interessanti e mai osservate prima. Subito ebbe inizio un riesame degli altri settecentomila fotogrammi già acquisiti, alla ricerca di eventi simili.

I fenomeni osservati da Gargamelle erano la prima conferma sperimentale di una teoria sviluppata da poco, che mirava a unificare la forza elettromagnetica con la forza debole. Questa teoria, come vedremo, ha avuto grande successo ed è oggi alla base delle scoperte fatte con il Large Hadron Collider.

E Lagarrigue? Purtroppo morì di infarto, al termine di una delle affascinanti lezioni che teneva all'Università di Orsay, appena due anni dopo la scoperta. Non ebbe così la soddisfazione di ricevere il premio Nobel che certamente avrebbe meritato.

Camere a bolle a idrogeno

All'inizio degli anni Trenta, quando i ciclotroni di Lawrence produssero le prime reazioni nucleari, i fisici conoscevano tre sole particelle «elementari»: l'elettrone, il protone e il neutrone.

Negli anni Quaranta con le emulsioni nucleari si scoprirono altre particelle, iniziando da pioni e muoni, nelle collisioni dei raggi cosmici con l'atmosfera.

Quando poi lo «zoo delle particelle» proliferò in maniera preoccupante, i fisici iniziarono a parlare di particelle *fondamentali*: pareva impossibile che tutte le nuove venute fossero veramente i componenti ultimi, elementari, della materia.

Una vera miniera di nuove particelle furono le camere a bolle a idrogeno che Luis Alvarez costruì al Lawrence Laboratory di Berkeley (intitolato a Ernest Lawrence dopo la sua prematura morte nel 1958).

Le camere a bolle presentavano enormi vantaggi rispetto ai rivelatori usati fino ad allora nello studio dei raggi cosmici. Infatti le camere a nebbia (figura 8b di pagina 43) e le emulsioni nucleari (figura 14 di pagina 62) non permettevano di registrare gli eventi prodotti con un acceleratore: era impossibile attivarle per breve tempo proprio all'istante dell'arrivo del fascio di particelle.

Alvarez ebbe l'idea della camera a bolle a idrogeno ascoltando Donald Glaser, allora giovane dottorando, che avrebbe poi vinto il premio Nobel nel 1960. Era un sabato pomeriggio; nell'ultima sessione di un congresso della Società americana di fisica, davanti ai pochi congressisti non ancora partiti, venivano presentate le idee più bizzarre.

Glaser descrisse un nuovo apparecchio per rivelare le particelle: un recipiente di vetro riempito di un liquido e munito di un pistone scorrevole, che faceva espandere il fluido in modo da portarlo a temperatura e pressione prossime all'ebollizione, proprio nel momento in cui le particelle cariche attraversavano la «camera»; in queste condizioni le particelle lasciavano una traccia fatta di minuscole bollicine.

Alvarez capì le potenzialità dello strumento e decise di costruirne uno riempito di idrogeno liquido, che va mantenuto a 250 gradi sotto lo zero. L'idrogeno avrebbe fatto allo stesso tempo da rivelatore e da bersaglio: il singolo protone del suo nucleo infatti è il bersaglio più semplice possibile. A Berkeley Alvarez riunì i migliori ingegneri del laboratorio e in breve tempo fece funzionare la sua prima camera a bolle.

Figura 32. Sette premi Nobel dell'Università di Berkeley in posa davanti al magnete del ciclotrone da 37 pollici.

In pochi anni Alvarez realizzò camere a bolle a idrogeno sempre più grandi – lunghe 2 pollici, poi 20 pollici, infine 72 pollici – un po' com'era avvenuto per i ciclotroni di Lawrence. In parallelo mise in piedi un complesso sistema di analisi dei dati: decine di ricercatrici (ritenute più precise dei colleghi uomini nei lavori ripetitivi) proiettavano le foto su grandi tavoli e misuravano le traiettorie delle particelle con strumenti di puntamento semiautomatici.

Così in una decina di anni, usando le foto di Berkeley e quelle ottenute con camere a bolle simili al CERN e in altri laboratori, si misurarono milioni di urti tra particelle veloci e protoni.

Il risultato? Si scoprirono *centinaia di nuove particelle* prodotte nelle collisioni con i protoni dell'idrogeno! Erano tutte particelle instabili che, appena create, decadono in particelle più leggere.

Protoni e neutroni sono fatti di quark

Presto i fisici si trovarono a corto di lettere con cui rappresentare le particelle scoperte con le camere a bolle, e gli articoli scientifici iniziarono a essere costellati di simboli greci come η, ω, ρ, ω, ϕ, Δ, Σ, Λ, Ξ. Per convenzione un esponente indica il valore della carica elettrica della particella, in unità della carica del protone, mentre una barra sopra il simbolo indica l'*anti*particella: così per esempio Σ^+ rappresenta una particella «sigma» che ha la stessa carica positiva di un protone, mentre $\overline{K}^0$ indica un antikaone neutro.

Per fortuna la proliferazione di nuove particelle «elementari», quasi tutte instabili, obbediva ad alcune regole semplici; lo si capiva dal fatto che moltissime reazioni di creazione di nuove particelle, sebbene teoricamente possibili dal punto di vista energetico, in realtà non avvenivano.

Era chiaro che sotto tanta confusione doveva regnare un ordine nascosto, ma prima di scoprirlo i fisici delle particelle vissero anni di grande frustrazione. Finalmente, all'inizio degli anni Settanta, tutti i pezzi del puzzle andarono a posto quando si comprese che quelle particelle non erano per nulla elementari, bensì composte di altre particelle più piccole: i *quark*.

Oggi sappiamo che le molte decine di particelle osservate in quegli anni nelle camere a bolle sono combinazioni di *tre soli tipi* di quark – indicati con i nomi quark-*u* (*up*), quark-*d* (*down*) e quark-*s* (*strange*) – e dei loro antiquark $\bar{u}$, $\bar{d}$ e $\bar{s}$.

Come mostra la tabella 2, i tre quark (e di conseguenza anche i loro antiquark) hanno carica elettrica *frazionaria*.

I quark *u* e *d*, i primi a essere scoperti, hanno cariche di segno opposto; i nomi *up* e *down* riflettono proprio questa caratteristica.

Quando in seguito si osservò il quark-*s*, la sua vita media apparve *stranamente* lunga; da qui l'appellativo *strange*.

Ma in cinquant'anni di esperimenti fatti con gli acceleratori non si è mai rivelata una sola particella con carica elettrica pari a una frazione $\frac{1}{3}$ o $\frac{2}{3}$ della

Tabella 2. I tre quark e i loro antiquark, che spiegano le centinaia di reazioni osservate nelle camere a bolle degli anni Sessanta e Settanta, hanno carica frazionaria.

nome	simbolo	carica	nome	simbolo	carica
quark-d	d o $d^{-\frac{1}{3}}$	$-\frac{1}{3}$	antiquark-$\bar{d}$	$\bar{d}$ o $\bar{d}^{\frac{1}{3}}$	$+\frac{1}{3}$
quark-u	u o $u^{\frac{2}{3}}$	$+\frac{2}{3}$	antiquark-$\bar{u}$	$\bar{u}$ o $\bar{u}^{-\frac{2}{3}}$	$-\frac{2}{3}$
quark-s	s o $s^{-\frac{1}{3}}$	$-\frac{1}{3}$	antiquark-$\bar{s}$	$\bar{s}$ o $\bar{s}^{\frac{1}{3}}$	$+\frac{1}{3}$

carica di un protone: i fisici perciò sono giunti alla conclusione che i quark formano particelle composte ma non possono esistere al di fuori di esse, come entità singole.

In altre parole, *i quark liberi non esistono*: essi si legano insieme a tre a tre oppure a due a due – come illustra la figura 33 della prossima pagina – per effetto di un nuovo tipo di forza, la cosiddetta *forza forte*, e per questo sono chiamati *adroni* (dal greco *hadrós* che significa, appunto, «forte»).

Gli adroni più comuni sono il protone p e il neutrone n che, come mostra la figura 33, hanno rispettivamente le composizioni (duu) e (ddu). La carica totale di un protone vale quindi $-\frac{1}{3}+\frac{2}{3}+\frac{2}{3}=+1$ e quella di un neutrone $-\frac{1}{3}-\frac{1}{3}+\frac{2}{3}=0$.

Gli adroni composti di tre quark sono chiamati *barioni* (dal greco *barús*, «pesante»). I protoni e i neutroni sono quindi barioni. Gli *antibarioni* sono fatti di tre antiquark; per esempio, l'antiprotone $\bar{p}$ = ($\bar{d}\bar{u}\bar{u}$) ha carica negativa: $+\frac{1}{3}-\frac{2}{3}-\frac{2}{3}=-1$.

Combinando un quark con un antiquark, invece, si ottiene un *mesone*. Per esempio, la figura 33 mostra che nei pioni positivi π^+ la forza forte lega un anti-quark–$\overline{d}$ (con carica $+\frac{1}{3}$) a un quark-u (che ha carica $+\frac{2}{3}$) formando una particella di carica +1: il $\pi^+ = (\overline{d}u)$.

Con la scoperta dei quark la fisica delle particelle ha cambiato volto, perché la composizione delle particelle in termini di quark ha permesso di spiegare in modo semplice i complicati eventi di creazione di nuovi adroni osservati nelle camere a bolle.

In alcuni casi si ha un semplice riarrangiamento dei quark. Per esempio la collisione tra un pione ne-

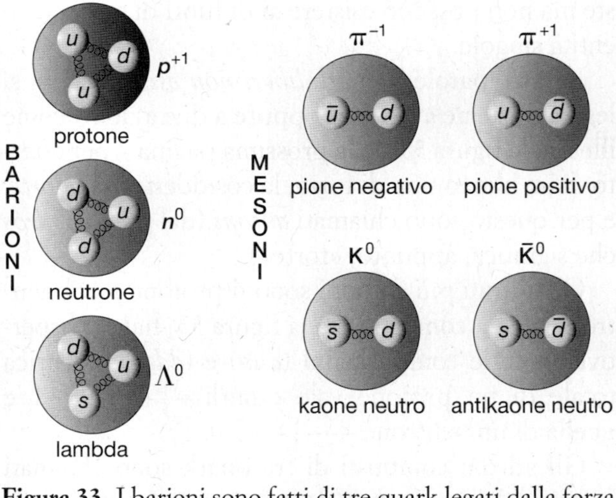

Figura 33. I barioni sono fatti di tre quark legati dalla forza forte, mentre i mesoni sono fatti di un quark e un antiquark (i disegni non sono in scala: un quark in realtà è diecimila volte più piccolo di un adrone). Le molle rappresentano la *forza forte* che lega tra loro i quark.

gativo e un protone può produrre un pione neutro e un neutrone:

$$\pi^- + \ p^+ \ \rightarrow \ \pi^0 + \ n^0$$
$$(d\bar{u}) + (duu) \rightarrow (u\bar{u}) + (ddu)$$

Ma la stessa collisione può anche produrre una più complicata reazione di annichilazione e creazione di particelle.

Come è illustrato dalla figura in basso a pagina 89, infatti, il pione negativo e il protone possono scomparire mentre la loro energia si trasforma in massa e in energia di movimento di un «kaone» e di una «lambda»:

$$\pi^- + \ p^+ \ \rightarrow \ K^0 + \ \Lambda^0$$
$$(d\bar{u}) + (duu) \rightarrow (d\bar{s}) + (dus)$$

Per capire che cosa è accaduto in questo caso, bisogna esaminare attentamente la struttura a quark delle singole particelle.

Un antiquark-$\bar{u}$ del pione si è annichilato con un quark-u del protone, e l'energia che si è liberata ha creato una coppia $s\bar{s}$; in seguito l'antiquark-$\bar{s}$ e il quark-s si sono legati agli altri quark presenti, formando il kaone neutro e il barione lambda.

Ecco perché il *modello a quark degli adroni* ha messo ordine in una situazione di grande confusione, ed è oggi una conoscenza acquisita: esso prevede con estrema precisione le (relativamente poche) reazioni subnucleari che accadono, mentre esclude tutte le moltissime altre reazioni che negli esperimenti non si osservano.

Dodici particelle-materia

L'ultima colonna della figura 34 elenca le *dodici particelle fondamentali* che costituiscono tutta la materia, sia quella stabile che osserviamo intorno a noi, sia quella instabile prodotta nelle collisioni di alta energia, che ha vita brevissima.

Per rivelare queste dodici particelle e misurarne le proprietà sono occorsi quattro decenni e migliaia di esperimenti, condotti presso una ventina di acceleratori e collisori da fisici di tutto il pianeta.

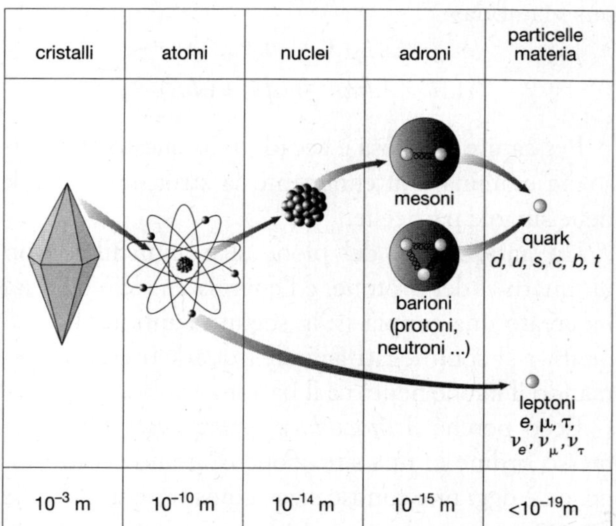

Figura 34. Gli atomi della materia sono composti di quark-*u*, quark-*d* ed elettroni. A ciascuna delle 12 particelle-materia elencate a destra corrisponde un'antiparticella.

Nella figura appaiono non tre, ma ben *sei* tipi di quark: oltre ai già noti quark «leggeri» *u* e *d* e al quark-*s*, tra il 1974 e il 1995 sono stati osservati con gli acceleratori di particelle statunitensi i quark-*c* (*charm*), i quark-*b* (*beauty*) e i quark-*t* (*top*).

I bizzarri nomi di questi nuovi quark hanno origini diverse: gli appellativi *charm* e *beauty* sono un capriccio, dovuto all'incanto suscitato da queste particelle nella fantasia dei fisici che ne hanno predetto l'esistenza; il *top* invece è il quark che domina tutti gli altri, perché ha massa quasi venti volte maggiore del già pesante quark-*b*.

La quarta colonna della figura 34 mostra che i quark e gli antiquark sono tenuti insieme nei mesoni e nei barioni dalla forza forte, rappresentata dalle piccole molle.

Nell'ultima colonna appaiono anche sei *leptoni*: tre di queste particelle sono cariche negativamente (e, μ, τ) mentre i tre neutrini (ν_e, ν_μ, ν_τ) sono privi di carica. I leptoni, diversamente dai quark, *non sono soggetti alla forza forte* ma, come vedremo, alla forza debole (*leptos* in greco significa proprio «debole»).

Il leptone più noto è l'*elettrone* che, avendo carica negativa, è spesso indicato con il simbolo e^-.

Il primo dei neutrini è indicato con il simbolo ν_e (che si legge «nu-e» o «nu-elettrone» o «neutrino-elettrone») perché sta in una relazione speciale con l'elettrone.

Tra le particelle cariche create nelle collisioni dei raggi cosmici con l'atmosfera c'è il *muone* μ («mu»), che ha carica –1; la sua antiparticella ha carica +1.

Poiché l'elettrone ha massa di soli 0,0005 GeV, il muone (massa = 0,1 GeV) è anche detto «elettrone pesante» e l'altro leptone, il *tauone* τ («tau», massa = 1,8 GeV), «elettrone pesantissimo».

Come l'elettrone, anche il muone e il tauone hanno un corrispondente neutro, i due neutrini ν_μ e ν_τ (neutrino-mu e neutrino-tau) che completano la lista dei sei leptoni.

Misurando le masse, le cariche elettriche e i decadimenti dei 12 tipi di particelle-materia si è trovato che esse si raggruppano naturalmente in tre «famiglie» (figura 35): ciascuna è fatta di due quark (con cariche elettriche pari a $\frac{2}{3}$ e a $-\frac{1}{3}$ della carica di un protone) e di due leptoni (con cariche 0 e –1).

La figura 35 riporta sotto ogni simbolo la massa della particella espressa in GeV.*

Le particelle della prima famiglia hanno massa più piccola di 0,005 GeV, mentre le particelle della seconda famiglia hanno massa inferiore a 1,3 GeV. La particella-materia più pesante, il quark-*t*, è centomila volte più massiva del quark-*u*.

Le particelle cariche della seconda e della terza famiglia, grazie alla loro massa, hanno energia in abbondanza e decadono molto rapidamente in quelle

* I tre neutrini hanno massa così piccola che nella figura sono riportati soltanto limiti superiori. Queste leggerissime particelle-materia non hanno energia sufficiente per decadere in altre particelle, perciò sono stabili: una volta prodotti, per esempio subito dopo il Big Bang, i neutrini vivono per sempre, muovendosi praticamente alla velocità della luce e interagendo pochissimo con la materia.

della prima famiglia: ecco perché *tutta* la materia stabile è fatta soltanto delle particelle cariche della prima famiglia, i quark-*d* e i quark-*u* (che si legano a formare neutroni e protoni) e gli elettroni e^-.

Quanto sono grandi queste particelle? Gli esperimenti condotti con gli acceleratori più potenti hanno permesso di esplorare distanze dell'ordine di un decimillesimo di fermi (figura 30 di pagina 111). Ebbene, anche su questa scala tutti i leptoni e i quark appaiono puntiformi; perciò nella figura 34 ho indicato che il loro diametro è inferiore a 10^{-19} m.

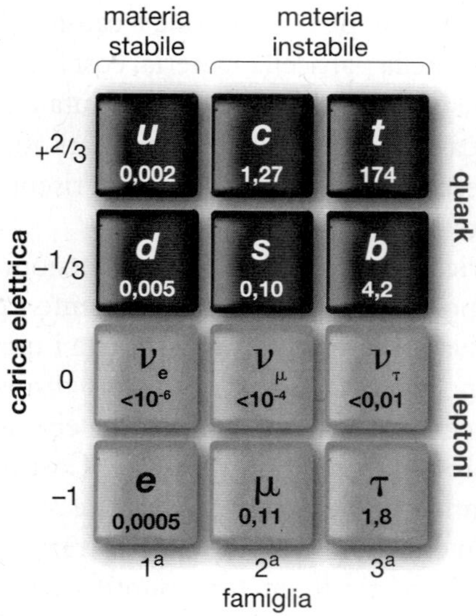

Figura 35. Le 12 particelle-materia fondamentali, con (sotto i simboli) i valori delle masse espresse in GeV. Ciascuna particella ha una propria antiparticella. La figura mette in evidenza la simmetria tra quark e leptoni.

I colori dei quark e la forza forte

Nel mondo subatomico le forze sono l'effetto dello scambio di particelle-forza virtuali.

La forza elettromagnetica tra un elettrone e un'altra particella carica è dovuta allo scambio di un fotone, come schematizzato nella figura 31 di pagina 112.

Analogamente, la forza forte che si esercita tra due quark – o tra un quark e un antiquark – è dovuta allo scambio di altri tipi di mediatori, a cui è stato dato il nome di *gluoni* (dall'inglese *glue*, «colla»). I gluoni, come i fotoni, hanno massa e carica elettrica nulle.

Come l'emissione di un fotone è causata dalla carica elettrica della particella-materia, così l'emissione di un gluone da parte di un quark è dovuta a un nuovo tipo di «carica», che è portato dai quark ma non dai leptoni (ecco perché questi ultimi non risentono della forza forte).

La carica elettrica esiste in due versioni, che distinguiamo chiamandole arbitrariamente «positiva» e «negativa». L'esperienza mostra che i quark invece portano *tre* diversi tipi di «carica forte»: i fisici l'hanno chiamata *colore*, stabilendo che un quark può essere blu, rosso oppure verde. Così per esempio il quark u può essere u_b, u_r oppure u_v.

La nomenclatura non deve però trarre in inganno: i quark, particelle-materia puntiformi, non sono realmente colorati! L'indice r, v o b serve soltanto a distinguere tra quark che hanno la stessa carica elettrica e la stessa massa, ma si comportano in tre modi diversi quando si considera la forza forte.

I due grafici della figura 36 descrivono fenomeni elementari di scambio di un gluone tra due quark di colore diverso. Sulla sinistra si vede come un quark-*u* verde e uno rosso possano scambiarsi il colore, tramite lo scambio di un gluone verde-antirosso.

I tre quark che costituiscono i barioni (protoni, neutroni, e lambda) hanno sempre *tre colori diversi*, che però scambiano continuamente tra loro.

Il disegno di destra nella figura 36 mostra per esempio come un protone che all'inizio ha composizione (d_b u_v u_r) possa diventare (d_v u_b u_r) attraverso lo scambio di un gluone blu-antiverde tra il quark-d_b e il quark-u_v.

Dunque nei barioni la forza forte, mediata dai gluoni colorati, lega i tre quark inducendoli a scambiarsi continuamente i colori, ma sempre in modo

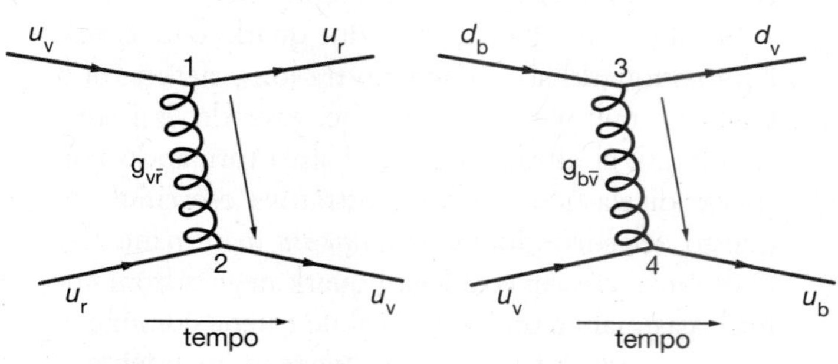

Figura 36. Nel vertice 1 un quark-*u* verde si trasforma in un quark-*u* rosso emettendo un gluone verde-antirosso; questo, assorbito nel vertice 2 dal quark-*u* rosso, cancella il rosso del quark bersaglio cambiando il suo colore in verde. La seconda figura illustra un analogo cambiamento di colore dovuto allo scambio di un gluone blu-antiverde.

tale che, in ogni istante, rosso, verde e blu siano tutti e tre presenti.**

Negli schermi elettronici il rosso, il verde e il blu sono usati come *colori primari* per produrre le immagini: sovrapponendoli con diverse intensità, si ottengono tutti gli altri colori. Se si sovrappongono i tre colori primari alla stessa gradazione, si ottiene il bianco; per analogia si può dire che un protone – nonostante i continui scambi di gluoni colorati tra i tre quark – rimane sempre «bianco».

Secondo la teoria che descrive la forza forte e i suoi mediatori – chiamata «*cromo*dinamica quantistica» – non sono «bianchi» soltanto i barioni, ma anche i mesoni. Come illustrato dalla figura 33, i mesoni sono composti da un quark e da un antiquark: il bianco si ottiene perché il quark porta un colore e l'antiquark il suo anticolore.

Se all'interno di un adrone due quark (o un quark e un antiquark) si allontanano tra loro, avviene uno scambio multiplo di gluoni che, essendo essi stessi colorati, si attraggono l'un l'altro formando una specie di elastico. La forza attrattiva esercitata da questo «elastico gluonico» *aumenta* man mano che la distanza cresce: così lega i quark negli adroni come ergastolani a un'indistruttibile catena comune, e impedisce loro di avere un'esistenza indipendente.

** La forza forte, oltre a legare i quark, «trabocca» dai protoni e dai neutroni legandoli tra loro con una forza secondaria chiamata *forza nucleare*. È questa forza residua a consentire l'esistenza dei nuclei atomici fatti di molti protoni e neutroni, e quindi della materia che forma noi e gli oggetti del mondo.

È per questo che i quark non sono mai liberi e gli adroni, sempre bianchi, sono fatti o di un quark e un antiquark (i mesoni) oppure di tre quark (i barioni). Invece non si è mai osservato un adrone non bianco fatto, per esempio, di quattro quark o un antiadrone fatto di cinque antiquark.

Ma quanti sono i gluoni? Poiché ciascuno trasporta una diversa coppia colore-anticolore, verrebbe da pensare che debbano essere tanti quante le possibili combinazioni di tre diversi colori con tre anticolori, cioè $3 \times 3 = 9$. Tuttavia una combinazione di questi nove gluoni va eliminata perché risulta essere bianca, e non può perciò trasmettere la forza forte. Così i gluoni responsabili della forza forte si riducono a 8; nel seguito li indicheremo con i simboli da g_1 a g_8.

La forza debole

La figura 37 della prossima pagina illustra le forze che agiscono tra le particelle-materia.

La *forza forte* è la più intensa ed è dovuta allo scambio di gluoni tra quark. Essa produce due effetti: lega i quark e gli antiquark a formare gli adroni, com'è indicato nella figura dalle due frecce grigie, e induce il cambiamento di direzione di due adroni che collidono, dando luogo a un processo di «diffusione».

Anche la *forza elettromagnetica*, che è causata dallo scambio di fotoni e agisce tra particelle cariche, produce due effetti: lega gli elettroni ai nuclei degli atomi e produce la diffusione di due particelle cariche, come nella figura 31 di pagina 112. Essa però è molto meno intensa della forza forte.

Ancora più tenue è la *forza gravitazionale*: quando si esercita tra due particelle-materia, è tanto debole da non avere conseguenze misurabili. Tuttavia gli effetti della forza gravitazionale si sommano, dato che non esistono particelle-materia che abbiano «ca-

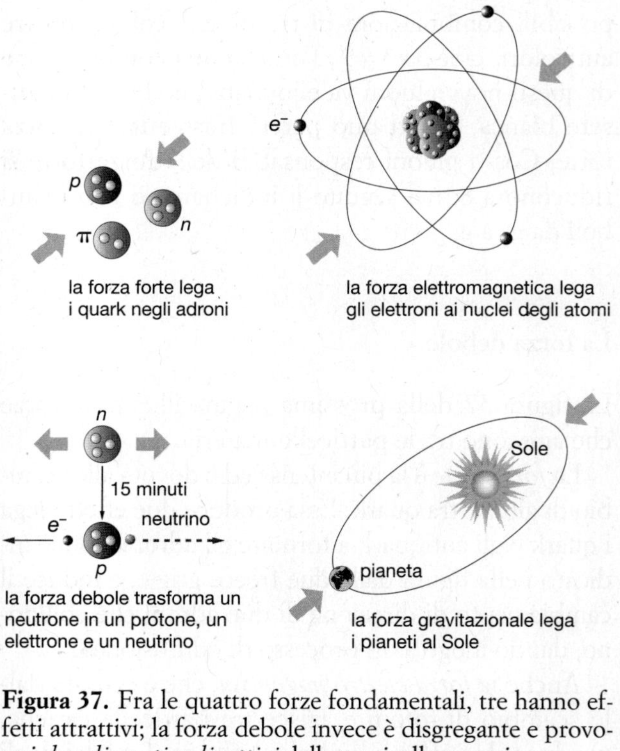

Figura 37. Fra le quattro forze fondamentali, tre hanno effetti attrattivi; la forza debole invece è disgregante e provoca i *decadimenti radioattivi* delle particelle-materia.

rica gravitazionale» negativa (come accade invece per la forza elettrica). È proprio la somma degli effetti della debolissima forza gravitazionale esercitata tra l'enorme numero di particelle dei corpi celesti, a tenere legati i pianeti al Sole e a confinare le stelle in galassie.

La *forza debole*, come dice il nome, è più tenue della forza elettromagnetica (ma molto, molto più intensa della forza gravitazionale). Come indicano le frecce grigie nella figura 37, la forza debole non crea legami, ma fa sentire i propri effetti nelle *trasformazioni* delle particelle-materia, chiamate «decadimenti» o «disintegrazioni».

Questa forza è la meno conosciuta, eppure è essenziale per la nostra vita: grazie a essa, infatti, all'interno del Sole quattro nuclei d'idrogeno possono fondersi in un nucleo di elio, in una catena di *fusioni nucleari* che liberano energia e fanno splendere la nostra stella (oltre a produrre innumerevoli neutrini).***

È proprio la tenuità della forza debole a far sì che il Sole «bruci» il suo combustibile nucleare *lentamente*: in 4,6 miliardi di anni ne ha consumato meno della metà. Ciò nonostante, la produzione di neutrini al centro del Sole è talmente abbondante che, in ogni secondo, il corpo di ciascuno di noi è attraversato da cento miliardi di neutrini solari.

*** Nella fusione nucleare dell'idrogeno 2 dei 4 protoni di partenza subiscono, per effetto della forza debole, il processo inverso a quello illustrato nella figura 37: ciascun protone si trasforma in un neutrone, un positone e un neutrino. Si produce così un nucleo di elio, composto di 2 protoni e 2 neutroni.

La figura 37 mostra il più semplice tra gli effetti causati dalla forza debole: il *decadimento beta* di un neutrone isolato (che ha una vita media di circa 15 minuti) in un protone, un elettrone e un neutrino.

La figura 38 illustra il fenomeno in maggior dettaglio: affinché il neutrone possa trasformarsi in protone, all'atto della disintegrazione uno dei suoi due quark-*d* deve trasformarsi in quark-*u*. Come mostra il disegno in basso, ciò avviene con l'emissione di una particella-forza virtuale chiamata W^- («vu-doppio meno»: deve essere negativa affinché la carica elettrica si conservi).

A causa della forza debole, anche i neutroni e i protoni legati nei nuclei atomici radioattivi decadono uno nell'altro, producendo coppie elettrone-neutrino (come nella figura 38) oppure le loro antiparticelle: questa è la *radioattività beta* che tanto preoccupa nel caso di incidenti nucleari, ma che è anche alla base di utili tecniche per diagnosticare i tumori, come la scintigrafia e la PET (di cui parleremo nel capitolo 6).

La figura 39 a sinistra illustra il fenomeno – sfruttato nella PET – del *decadimento beta positivo* di un nucleo, che accade quando un protone si trasforma in neutrone con l'emissione di un positone: il mediatore è uguale a quello della trasformazione neutrone-protone (figura 38) ma porta carica positiva e si chiama «vu-doppio più».

Un altro fenomeno tipico in cui interviene la forza debole (tramite il mediatore W^-) è la *cattura elettronica*, rappresentata a destra nella figura 39: un elettrone

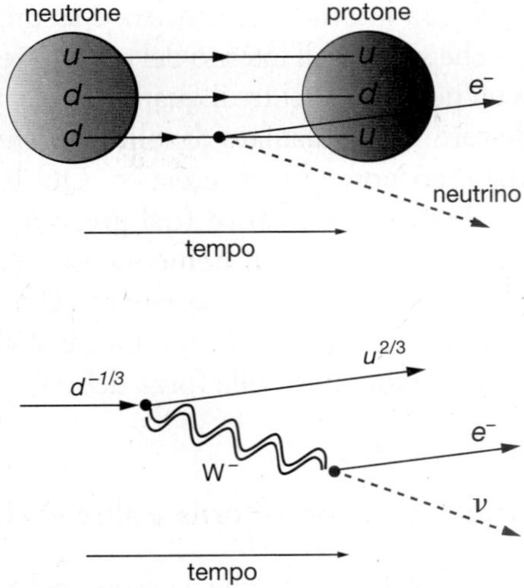

Figura 38. Nel *decadimento beta* di un neutrone un quark-*d* si trasforma in quark-*u* emettendo una nuova particella-forza virtuale W^-.

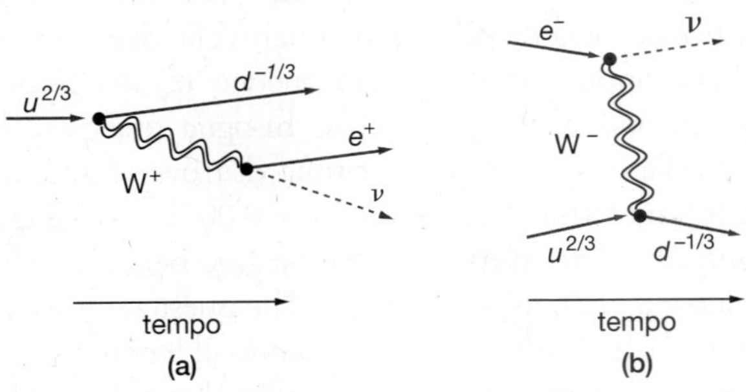

Figura 39. Le particelle-forza virtuali W^+ e W^- causano (a sinistra) il *decadimento beta positivo* di un nucleo, con emissione di un positone e di un neutrino, e (a destra) la *cattura elettronica* con emissione di un neutrino.

atomico, che gira intorno a un nucleo, è assorbito da un quark – che si trova all'interno del nucleo – e si trasforma in un neutrino, mentre il quark cambia natura.

Il mediatore W^- è chiamato di solito *bosone intermedio carico*, un nome lungo e ostico. Qui lo chiameremo invece *astenone carico* (dal greco *asthenés*, «senza forza, debole»); è un nome meno usato, ma ha il vantaggio di ricordare per assonanza che si tratta di una particella-forza simile al fot*one* e al glu*one*, in questo caso mediatrice della forza debole.

Perché alcune forze sono «forti» e altre «deboli»?

Per confrontare le tre forze che agiscono nel mondo subatomico, esaminiamo i tre fenomeni illustrati nella figura 40. Qui abbiamo introdotto una nuova grandezza α, che è chiamata *accoppiamento* e rappresenta la probabilità di emissione (o assorbimento) di una particella-forza da parte di una particella-materia.

L'accoppiamento elettromagnetico α_γ del fotone all'elettrone dice quante volte bisogna osservare la particella carica, in media, prima di trovarvi accanto un fotone virtuale. Esso vale $\alpha_\gamma = 0{,}0073 \cong \frac{1}{137}$, il che significa che un elettrone deve passare ben 137 volte vicino a un altro elettrone prima che questo emetta un fotone virtuale e avvenga la collisione. Il fenomeno accade soltanto in circa 7 casi su mille, dunque è raro e per questa ragione la forza elettromagnetica è tenue.

Invece la forza forte è intensa, perché l'accoppiamento α_g dei gluoni scambiati all'interno di un adrone è dell'ordine di 1. In altre parole ogni quark emette e assorbe continuamente gluoni, tanto che la probabilità di trovarne uno a una distanza dell'ordine delle dimensioni di un adrone (cioè 1 fermi) è del 100%.

Il grafico 40c rappresenta la diffusione di un neutrino-muone energetico da parte di un quark legato in un nucleo atomico. Poiché vi è una stretta relazione tra i neutrini e i loro leptoni, un neutrino-mu (ν_μ) che scambia un astenone con un quark si trasforma sempre in un muone. Il fenomeno è causato dallo scambio di un astenone W e gli esperimenti di cattura elettronica, di decadimento radioattivo e di diffusione dei neutrini hanno mostrato che l'accoppiamento vale $\alpha_W = 0{,}016$; è quindi simile all'accoppiamento $\alpha_\gamma = 0{,}0073$ dei fotoni agli elettroni.

Ma allora perché la forza debole è molto meno intensa della forza elettromagnetica?

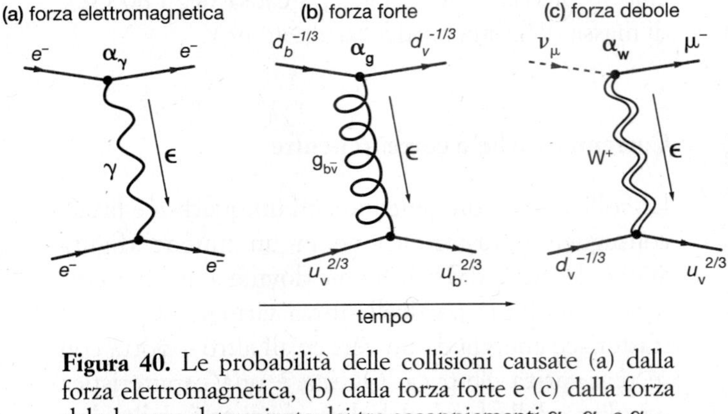

Figura 40. Le probabilità delle collisioni causate (a) dalla forza elettromagnetica, (b) dalla forza forte e (c) dalla forza debole sono determinate dai tre accoppiamenti α_γ, α_g e α_W.

Il fatto è che, diversamente dai fotoni e dai gluoni che hanno massa nulla, l'astenone ha una massa molto grande: come vedremo tra poco, essa vale circa 80 GeV, cioè quanto ottanta protoni messi insieme. È proprio questa grande massa a far sì che lo scambio di un W si manifesti come una forza un milione di volte più piccola della forza elettromagnetica. Il motivo, come al solito, è legato al principio d'indeterminazione. Il neutrino-muone della figura 40c può emettere una particella con massa di 80 GeV, ma soltanto per un tempo brevissimo: non più di $0{,}2 / 80 = 0{,}0025$ heisenberg, che corrispondono a $8 \cdot 10^{-27}$ secondi.

L'astenone virtuale, riassorbito quasi immediatamente dalla particella-materia che l'ha emesso, ha perciò pochissimo tempo per incontrare il quark-*d* e interagire. Dunque la forza debole è molto poco intensa non perché l'accoppiamento sia piccolo, ma perché la sua azione si esercita per tempi brevissimi, cioè su piccolissime distanze, a causa degli 80 GeV di massa della sua particella-forza.

Correnti cariche e correnti neutre

La collisione di un neutrino con un quark-*u* e la sua conseguente trasformazione in un muone (figura 40c) è descritta dai fisici come dovuta a una *corrente carica*, perché la particella-forza virtuale W^+ – che trasferisce energia da un vertice all'altro – porta con sé una carica elettrica. Questa è una caratteristica peculiare della forza debole: i mediatori delle altre

tre forze – forte, elettromagnetica e gravitazionale – sono tutti neutri, e i fenomeni che inducono sono quindi sempre dovuti a «correnti neutre».

A questo punto nasce spontanea una domanda: esiste un mediatore *neutro* della forza debole con caratteristiche simili a quelle degli astenoni carichi W^- e W^+?

Se un tale mediatore esistesse, darebbe luogo per esempio alla reazione illustrata nella figura 41, dove un neutrino subisce una diffusione da parte di un elettrone senza mutare natura, rimanendo cioè neutrino.

La ricerca di questo fenomeno di *corrente debole neutra* è durata vent'anni. Finalmente la prova sperimentale dell'esistenza delle correnti neutre fu annunciata nel 1973, quando la camera a bolle Gargamelle – dopo essere stata attraversata da milioni di miliardi di neutrini – fotografò tre eventi come quello della figura 42: un neutrino-muone urta un elettrone di un atomo del liquido pesante, lo mette in movimento e cambia direzione di moto.

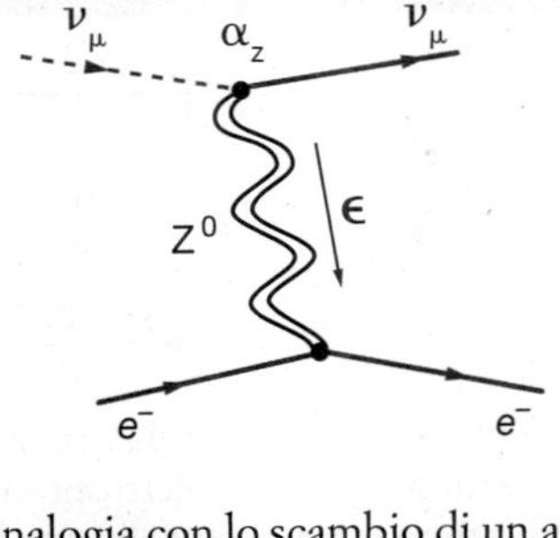

Figura 41. In analogia con lo scambio di un astenone carico (figura 40c), i fisici si sono domandati se un neutrino possa scambiare una particella-forza neutra, rimanendo neutrino.

La scoperta fu possibile grazie all'invenzione del «corno di van der Meer», una speciale lente magnetica progettata dall'ingegnere olandese Simon van der Meer. Questo dispositivo infatti focalizzava i pioni prodotti con il Protosincrotrone in modo che, decadendo in volo in gran numero, emettessero un maggiore flusso di neutrini-muone in grado di attraversare Gargamelle.

L'evento della figura 42 si spiega con il diagramma della figura 41: la diffusione del neutrino-μ sull'elettrone è mediata dallo scambio dell'astenone neutro Z^0.

Gli eventi osservati con Gargamelle nel 1973 costituivano un'evidenza certa ma *indiretta* dell'esistenza

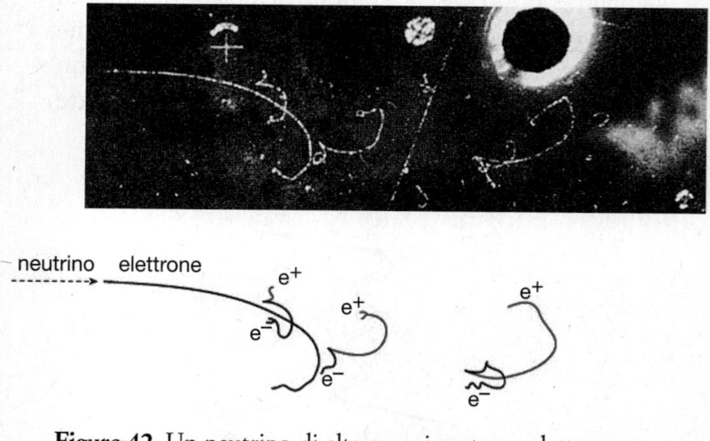

Figura 42. Un neutrino di alta energia urta un elettrone atomico e lo mette in movimento. L'elettrone veloce lascia una traccia curva nel campo magnetico della camera e poi, urtando alcuni nuclei atomici, irraggia tre fotoni che producono a loro volta tre caratteristiche coppie elettrone-positone.

delle correnti neutre, e quindi dell'astenone Z^0; non avevano però il peso di una prova *diretta*. Questa arrivò dieci anni più tardi, quando Carlo Rubbia e i suoi collaboratori osservarono la produzione di astenoni W^+, W^- e Z^0. L'esperimento fu realizzato con il collisore protone-antiprotone $Sp\bar{p}S$ del CERN, grazie all'applicazione del raffreddamento stocastico inventato dallo stesso straordinario van der Meer.

Misurando le energie e le direzioni dei prodotti dei decadimenti, si è potuta determinare anche la già citata massa delle tre particelle-forza: circa 80 GeV per gli astenoni carichi W^+ e W^-, e circa 90 GeV per l'astenone neutro Z^0.

Figura 43. Ottobre 1984: Carlo Rubbia e Simon van der Meer brindano all'annuncio del premio Nobel.

Conference Room | Salle de conférences
Georges CHARPAK

Alla ricerca del campo di Higgs

Nella Sala Georges Charpak, *al sesto piano dell'edificio centrale del CERN, si tengono molte riunioni tra cui spiccano per importanza le sei sedute annuali del «Comitato della politica scientifica».*

La sala è intitolata a un abilissimo fisico sperimentale scomparso nel 2010; Charpak ha contribuito in modo decisivo all'invenzione e allo sviluppo dei rivelatori, *senza i quali sarebbe del tutto inutile costruire acceleratori sempre più potenti.*

Personaggio straordinario, forte e gentile, Georges Charpak era nato nel 1924 nel ghetto di Sarny, in Polonia, per poi trasferirsi con i genitori in Palestina e arrivare finalmente in Francia, la sua patria d'adozione, all'età di otto anni.

Brillantissimo a scuola, riuscì a saltare ben due classi al prestigioso collegio Saint-Louis di Parigi. Nel 1943 fu arrestato da partigiano e deportato a Dachau, dove riuscì a nascondere l'origine ebraica grazie alla conoscenza delle lingue e al colore azzurrissimo degli occhi.

Alla fine della guerra Charpak entrò come studente straniero all'École des Mines di Parigi e tre anni dopo ne uscì ingegnere, ma ben presto si lasciò affascinare dalla fisica, frequentando il laboratorio dei coniugi Joliot-Curie.

Scriverà più tardi: «La fisica è la più esigente e, talvolta, la più distruttrice delle amanti. Notte e giorno, estate e inverno, mattina e sera vi perseguita, vi invade, vi riempie di soddisfazioni e vi fa disperare».

Charpak lavorava al CERN dal 1959 quando, a metà degli anni Sessanta, si convinse che per registrare e studiare non uno ma molte migliaia di eventi di collisione al secondo, sarebbero stati necessari nuovi tipi di rivelatori. Le camere a bolle dell'epoca erano troppo lente, perché occorreva spostare un grande pistone per portare il liquido nelle condizioni ideali di pressione e temperatura.

Fu così che Georges Charpak inventò e costruì, con i suoi collaboratori, la prima «camera multifili» di dieci centimetri di lato. Era costituita da una trentina di fili metallici paralleli, sottili come un capello e immersi in un gas speciale. Al passaggio di una particella carica, il gas si ionizza e le nuvolette di elettroni prodotte intorno alla traiettoria sono raccolte dai fili della camera: l'arrivo della particella si traduce così in rapidissimi segnali elettronici che, trasmessi attraverso i fili, già a quei tempi si potevano registrare con i primi computer.

In pochi anni si costruirono camere a fili sempre più grandi e più precise, come le «camere a deriva», che si rivelarono essenziali per le ricerche con i collisori di particelle. Oggi i grandi rivelatori di particelle montati al Large Hadron Collider sono dotati di camere a fili che coprono un'area equivalente di molti ettari e registrano miliardi di eventi di collisione protone-protone ogni secondo.

Il Modello Standard delle forze e delle particelle

Ciò che i fisici chiamano *Modello Standard* raccoglie in un quadro teorico coerente tutte le proprietà del mondo subatomico; finora le sue previsioni sono state confermate da migliaia di esperimenti.

Il Modello è basato sulle 12 particelle-materia della figura 35 a pagina 129, sulla *cromodinamica quantistica* (che descrive la forza forte che agisce sui quark) e su un'elegante *descrizione unificata* della forza elettromagnetica (che agisce sulle particelle cariche) con la forza debole (a cui sono soggette *tutte* le particelle).

Per questa teoria i fisici teorici Sheldon Glashow, Abdus Salam e Steven Weinberg hanno vinto il premio Nobel nel 1979, ben quattro anni prima che arrivasse la conferma sperimentale dell'esistenza degli astenoni W^+, W^- e Z^0 da parte di Carlo Rubbia e dei suoi collaboratori.

Le 13 particelle-forza, mediatrici delle quattro interazioni fondamentali, sono elencate nella tabella 3; l'ultima colonna riporta i valori approssimativi degli accoppiamenti.

Gli otto gluoni mediano la forza «forte» e l'accoppiamento è dell'ordine dell'unità. Il fotone e i due astenoni hanno accoppiamenti dell'ordine dell'1%.

Il tredicesimo mediatore è l'ipotetico *gravitone*: ha un accoppiamento infinitesimale con le particelle-materia e i suoi effetti non si fanno sentire nei fenomeni del mondo subatomico; per questa ragione il Modello Standard non prende in considerazione lo scambio di gravitoni.

Tabella 3. I mediatori delle quattro forze fondamentali agiscono in misura diversa sulle particelle-materia.

forza	mediatori	Massa M (GeV)	particelle-materia soggette alla forza	accoppiamento
forte	gluoni $g_1, \ldots, g_8$	0	quark	circa 1
elettro-magnetica	fotone γ	0	leptoni carichi, quark	0,0073
debole	astenoni $W^{\pm}$, Z^0	80,4:91,2	leptoni carichi, neutrini, quark	0,016:0,010*
gravita-zionale	gravitone G	0	leptoni carichi, neutrini, quark	10^{-38}

* Gli accoppiamenti degli astenoni W e Z dipendono dalla coppia di particelle con cui il mediatore scambia energia; qui i valori sono relativi alle coppie elettrone-neutrino e neutrino-neutrino.

Il fotone e il gravitone hanno massa nulla: quindi i raggi d'azione delle forze prodotte dallo scambio di queste particelle-forza – determinati dalla relazione $R = 0{,}2/M$ – sono in pratica infiniti. Gli astenoni invece hanno masse molto grandi, 80,4 GeV e 91,2 GeV, e fanno sentire la propria azione soltanto a distanze inferiori ai due millesimi di fermi.

La figura 44 illustra il Modello Standard completo, che contiene sia le 12 particelle-materia sia le 12 particelle-forza che agiscono nel mondo subatomico: 8 gluoni, 1 fotone e 3 astenoni.

Le particelle-materia e le particelle-forza fondamentali differiscono per un'importante caratteristica. Per illustrarla ricordo che con la luce si può

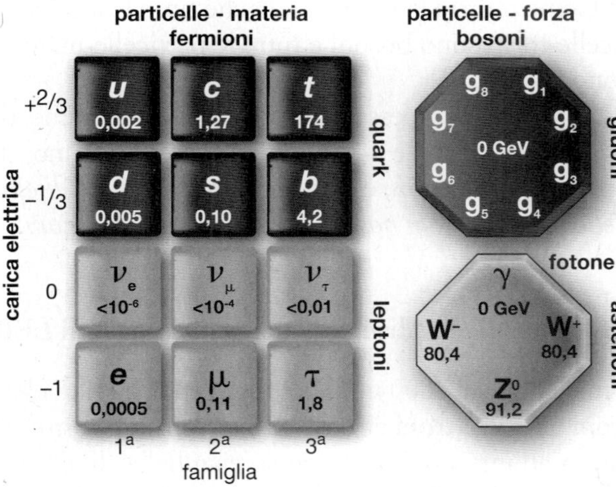

Figura 44. Uno schema del Modello Standard delle particelle-materia (*fermioni*) e delle particelle-forza (*bosoni*).

produrre un *fascio laser* fatto da miliardi di miliardi di fotoni che vanno tutti contemporaneamente nella stessa direzione, senza divergere. Questa magnifica realizzazione tecnologica è possibile perché i fotoni sono *bosoni*, sono cioè particelle che «desiderano» – antropomorficamente parlando – trovarsi numerosissimi nello stesso stato di moto.

Agli elettroni, che sono particelle-materia, accade invece il contrario. Quando girano intorno al nucleo di un atomo, ciascuno si muove lungo una propria orbita, evitando di andare a occupare l'orbita già occupata da un altro elettrone. Le particelle che non accettano di dividere il proprio stato con altre particelle identiche si chiamano *fermioni*.

Come mostra la figura 44, anche tutte le altre particelle-forza sono bosoni e tutte le particelle-materia sono fermioni.*

Perciò si usa spesso «bosone» come sinonimo di «particella-forza» e «fermione» come sinonimo di «particella-materia», e si dice che *una forza è l'effetto dello scambio di un bosone virtuale tra due fermioni.*

Esperimenti al collisore di elettroni e positoni LEP

Tra il 1989 e il 2000 nel LEP (figura 45) fasci di elettroni e antielettroni circolavano in verso opposto nel vuoto all'interno di una stessa ciambella di alluminio lunga 27 kilometri, la cui sezione aveva un diametro di pochi centimetri.

A partire da un acceleratore lineare e dal PS, il capostipite degli acceleratori del CERN, passando per il SuperProtoSincrotrone, elettroni e positoni venivano iniettati nella ciambella del LEP con un'energia di 20 GeV.

Una volta raggiunta la fase di «fasci circolanti», si aumentava l'energia cinetica delle particelle usando cavità a radiofrequenza, che in vari punti lungo la ciambella acceleravano le particelle producendo campi elettrici alternati.

* Il termine *bosone* deriva da Satyendra Nath Bose, fisico indiano che nel 1924 scrisse a Einstein discutendo le speciali proprietà dei fotoni. I *fermioni* prendono invece il nome da Enrico Fermi, che ventiquattrenne pubblicò la teoria del comportamento degli elettroni, facendosi notare dai grandi fisici dell'epoca.

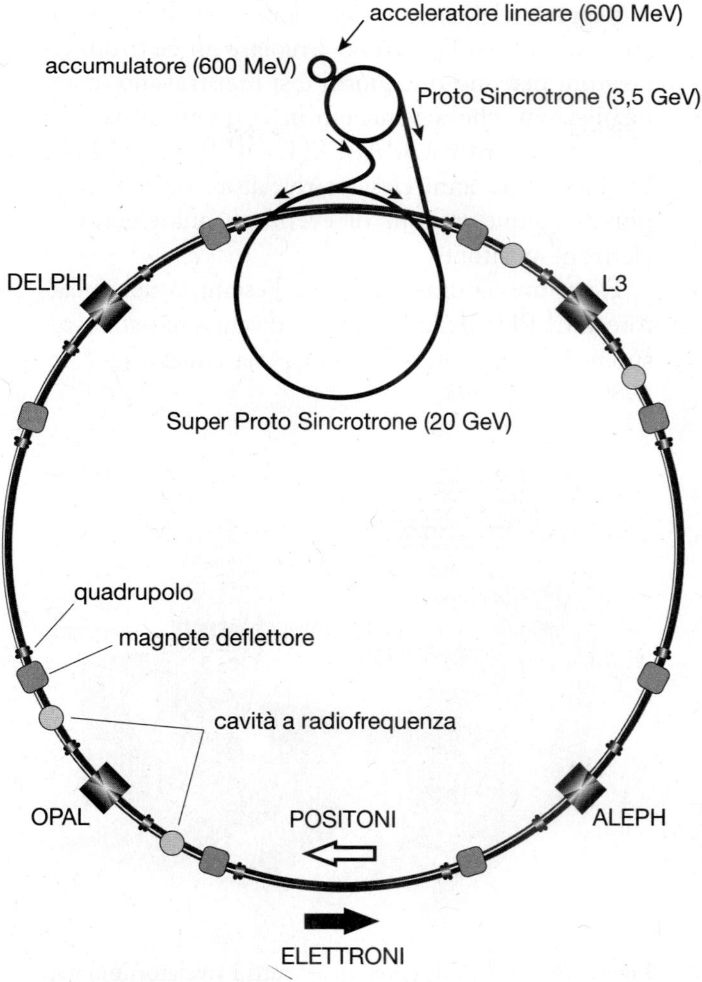

Figura 45. Uno schema del LEP, lungo 27 kilometri e installato nel tunnel scavato 100 metri sottoterra (oggi occupato dall'LHC).

Raggiunta l'energia desiderata, nell'intervallo 20–100 GeV, si lasciavano circolare gli elettroni e i positoni per uno-due giorni e si registravano le annichilazioni, che avvenivano in corrispondenza dei quattro rivelatori: L3, ALEPH, OPAL e DELPHI. In quasi dieci anni ciascun rivelatore ha registrato più di cinque milioni di eventi di annichilazione elettrone-positone.

È per me naturale prendere l'esempio del rivelatore DELPHI della figura 46, di cui sono stato responsabile (*spokesperson*) dalla sua concezione, nel 1980, fino al 1993.

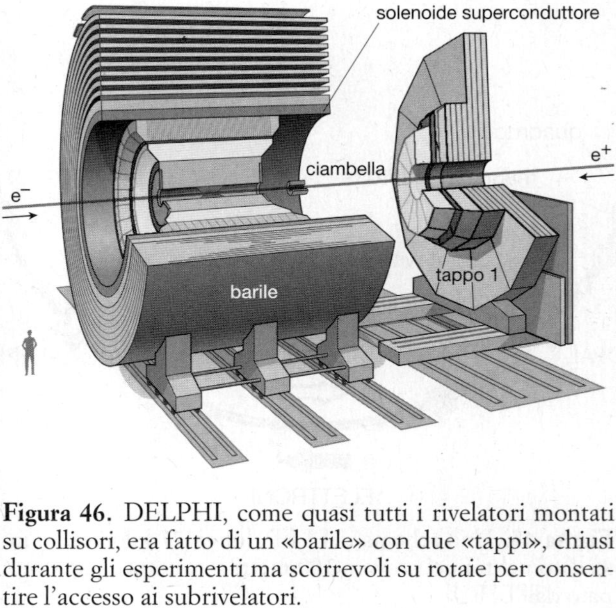

Figura 46. DELPHI, come quasi tutti i rivelatori montati su collisori, era fatto di un «barile» con due «tappi», chiusi durante gli esperimenti ma scorrevoli su rotaie per consentire l'accesso ai subrivelatori.

DELPHI (*Detector with Lepton Photon and Hadron Identification*) era un insieme di rivelatori alto 12 metri e lungo 15 metri, concepito e costruito in sei anni da una collaborazione di circa cinquecento fisici provenienti da venti Paesi diversi.

Come in tutti i grandi rivelatori montati su collisori di particelle, il «barile» della figura 46 era composto di molti «sub rivelatori» concentrici, ognuno costruito da una collaborazione di diverse università e laboratori e poi trasportato al CERN per essere assemblato.

Rispetto agli altri rivelatori del LEP, DELPHI aveva la prerogativa di misurare con particolare precisione gli adroni, permettendo di identificarli anche quando scomparivano dopo appena un milionesimo di milionesimo di secondo.

I subrivelatori – fatti di materiali diversi, in modo da rivelare il passaggio di tipi differenti di particelle – erano per lo più camere a fili, che coprivano migliaia di metri quadrati. Le particelle appena create si allontanavano dal punto di collisione quasi alla velocità della luce e lasciavano una minuscola traccia elettronica nei diversi strati del rivelatore. Questa traccia era amplificata, registrata e visualizzata sugli schermi di potenti computer (figura 47).

La traccia è come una firma che la particella imprime nel rivelatore: una firma che va però interpretata con opportuni codici di calcolo, per permetterne l'identificazione e misurarne le caratteristiche principali, che sono l'energia e la direzione del moto.

Per una particella carica l'energia si ricava dalla curvatura della sua traiettoria: se è più curva, l'energia è inferiore. La curvatura è dovuta all'intenso campo magnetico creato dalla gigantesca bobina del *solenoide superconduttore* della figura 46, un cavo di metallo speciale che, tenuto a 270 gradi sotto zero da un bagno di elio liquido, ha resistenza nulla: non dissipa alcuna energia anche quando è percorso da una corrente di migliaia di ampere.

Al LEP, che aveva un'energia massima di 200 GeV, si producevano quasi tutte le particelle-materia inquadrate nel Modello Standard. In particolare, nel 70% dei casi in un'annichilazione elettrone-

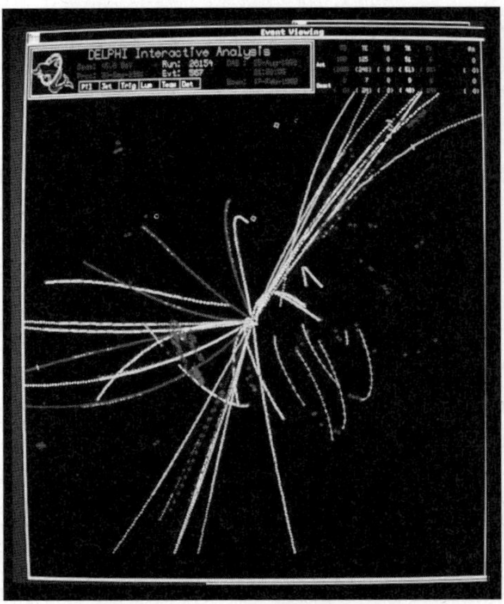

Figura 47. In questo evento registrato da DELPHI si vedono le tracce – curvate dal campo magnetico – lasciate da adroni e leptoni creati in un'annichilazione di 90 GeV.

positone si liberava una grande quantità di energia che dava luogo a una coppia quark-antiquark, per esempio un quark-*u* e un antiquark-$\bar{u}$ (si producevano tutte le coppie quark-antiquark tranne i quark-*t* e gli antiquark-$\bar{t}$, perché per produrre questi ultimi occorre un'energia pari almeno alla loro massa totale, ossia: 2 x 174 GeV = 348 GeV).

Non si possono osservare quark isolati

La figura 48 illustra il fenomeno della «adronizzazione», la sequenza di eventi che porta da un'annichilazione elettrone-positone in una coppia quark-

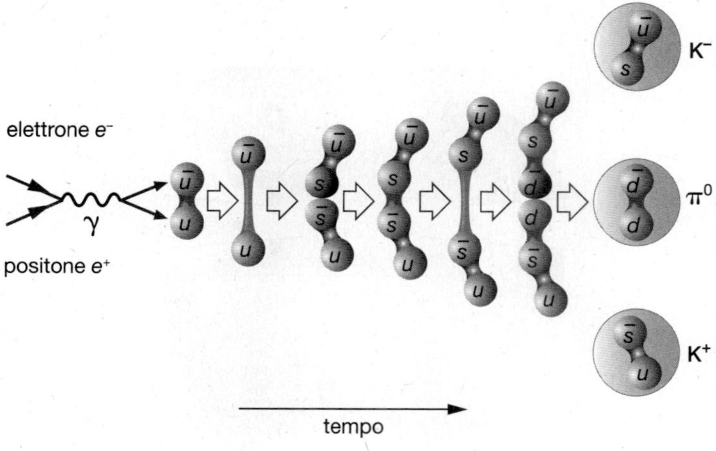

Figura 48. Un esempio di «adronizzazione»: la creazione di coppie $s\bar{s}$ e $d\bar{d}$ fa sì che quark e antiquark diversi si leghino a due a due a formare i mesoni finali (due kaoni di carica opposta e un pione neutro).

antiquark, mediata da un fotone virtuale, alla produzione di molti adroni.

Il quark e l'antiquark creati dal fotone si allontanano in direzione opposta, ma non si possono osservare come particelle libere, perché l'«elastico gluonico» li tiene legati l'uno all'altro. A un certo punto, però, l'elastico si spezza con la creazione di una nuova coppia quark-antiquark. Il fenomeno si ripete fino a che tutta l'energia iniziale si è trasformata nella massa di un gran numero di quark e antiquark di tipi diversi, che alla fine si legano in mesoni.

Fenomeni ancora più complicati, in cui si creano molte più coppie di quark e antiquark, che poi si riarrangiano in vari modi, danno luogo a decine di

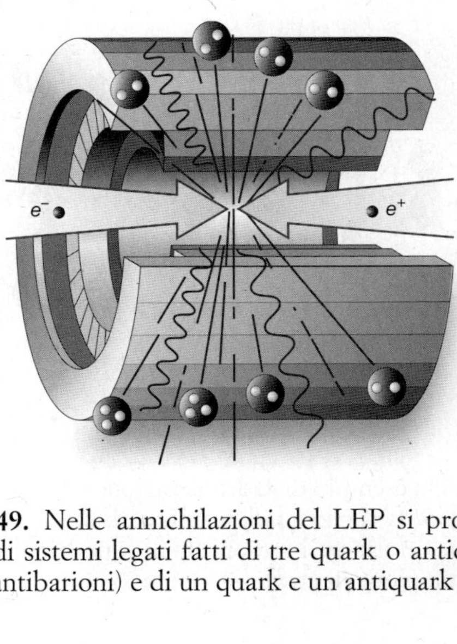

Figura 49. Nelle annichilazioni del LEP si producevano decine di sistemi legati fatti di tre quark o antiquark (barioni o antibarioni) e di un quark e un antiquark (mesoni).

adroni finali, compresi – anche se con minore frequenza – barioni e antibarioni, cioè tripletti di quark e di antiquark.

Al LEP il 70% degli eventi di annichilazione elettrone-positone dava origine a decine di adroni e antiadroni, che si allontanavano con velocità prossima alla velocità della luce, spesso decadendo in altre particelle. Sono questi mesoni e barioni gli adroni che DELPHI rivelava, direttamente oppure attraverso i loro prodotti di decadimento, come illustra la figura 49. Il restante 30% degli eventi produceva coppie leptone-antileptone.

Campi – anziché particelle – fondamentali

In un tipico evento di annichilazione scompaiono un elettrone e un positone e compaiono decine di particelle che nulla hanno a che fare con gli elettroni e con i positoni. È come se la scomparsa di due fragole desse origine a un profluvio di noccioline, banane, pere, mele e frutti di ogni tipo (figura 50).

Ma come fanno le fragole che collidono a «sapere» che al mondo esistono mele, banane e pere, tanto da dar luogo, scomparendo e liberando energia nella collisione, a frutti *diversi* dalle fragole stesse?

Fuor di metafora, quando l'elettrone e il positone della figura 49 collidono nel vuoto, annichilandosi, dove «sta scritto» che esistono sei tipi di coppie quark-antiquark e leptone-antileptone in cui la particella-forza può materializzarsi? L'informazione non può essere racchiusa nelle particelle che collidono, l'elettrone e il positone: sono corpuscoli puntiformi e, per così dire, «conoscono soltanto sé stessi».

La soluzione all'enigma trovata dai fisici è che lo spazio vuoto, in cui avvengono l'annichilazione e la creazione delle nuove particelle, non può essere veramente «vuoto»: deve invece essere abitato da enti impalpabili – i fisici li chiamano *campi* – che contengano l'informazione necessaria.

In assenza di energia, tutti i campi sono quiescenti e appaiono inerti. Ma quando si inietta energia, uno dei campi viene eccitato sotto forma di *perturbazioni localizzate*, «increspature» che si propagano nello spazio vuoto trasportando una parte dell'energia.

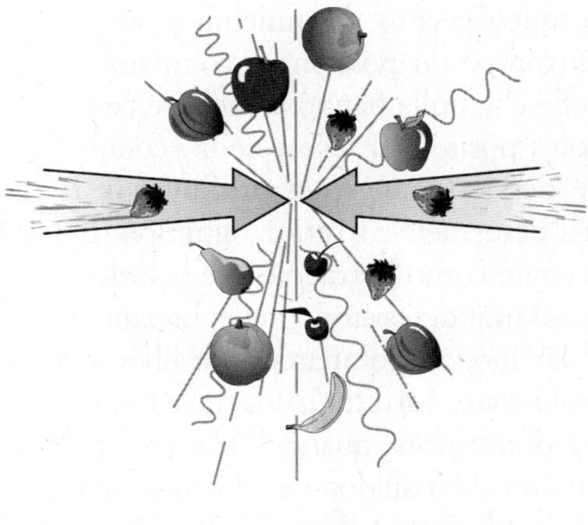

Figura 50. Nell'annichilazione di due particelle compaiono tipi *diversi* di particelle, e anche antiparticelle. Com'è possibile? La risposta è data dalla teoria dei campi quantistici.

È come quando un improvviso colpo di vento crea sulla superficie di un lago calmo un'onda, che poi si propaga allontanandosi dal punto in cui è nata. Il lago esiste già prima, come i campi nel vuoto, ma è l'energia del vento a produrvi una perturbazione, circoscritta e ben identificabile, che si propaga lungo la superficie dell'acqua.

Secondo questa visione, dunque, ogni particella fondamentale non è altro che una perturbazione localizzata del corrispondente campo fondamentale: è un «quanto» che viaggia da un punto a un altro dello spazio, trasportando una ben definita quantità di massa e di energia.

Così per esempio un fotone è un quanto del *campo elettromagnetico*, un elettrone è un quanto del *campo elettronico*, un quark-*u* è un quanto del *campo quarkonico-u*, e così via.

Visualizzare le particelle come onde

I campi fondamentali sono estesi a tutto lo spazio tridimensionale. Ma per riuscire a visualizzare una particella come perturbazione localizzata di un campo, noi dobbiamo immaginare un mondo solamente *bidimensionale*, come nella figura 51: qui gli oggetti sono *piatti,* si muovono sul piano senza poterne mai uscire, e gli osservatori sono come formiche che percepiscono soltanto quello che accade sulla superficie del piano, senza poter in alcun modo vedere che cosa accade sopra o sotto.

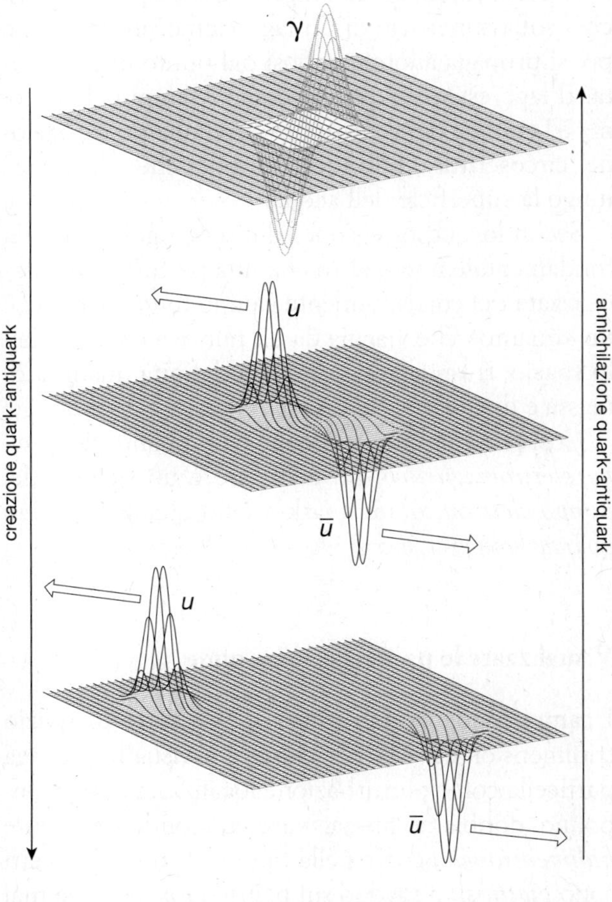

Figura 51. L'annichilazione di un elettrone e di un positone eccita il campo elettromagnetico: immediatamente il fotone virtuale γ scompare, iniettando tutta la propria energia nel campo quarkonico e producendo due onde, una a forma di collina (il quark-*u*) e l'altra a forma di buca (l'antiquark-$\overline{u}$).

Qui un campo quiescente è rappresentato da un insieme di linee parallele, che giacciono nel piano orizzontale ove avvengono i fenomeni.

Le oscillazioni di ciascun campo sono descritte dagli scostamenti delle sue linee rispetto alla posizione di riposo.

La figura 51 mostra tre stati successivi di due diversi campi: il campo elettromagnetico (rappresentato dalle linee grigie) e il campo quarkonico-*u* (linee nere perpendicolari a quelle grigie).

Inizialmente il campo quarkonico-*u* è quiescente mentre il campo elettromagnetico esibisce un'oscillazione localizzata: questa corrisponde, per esempio, a un fotone virtuale creato nell'annichilazione di un elettrone da 25 GeV con un positone di pari energia.

In un tempo brevissimo, definito dal principio d'indeterminazione, questa oscillazione scompare cedendo tutta la propria energia al campo quarkonico-*u*.

Nel campo quarkonico compaiono allora due perturbazioni localizzate *u* e $\bar{u}$; queste, nate vicine, si allontanano trasportando ciascuna 25 GeV di energia.

Se invece si legge la figura dal basso verso l'alto, a ritroso, si vede una collina che riempie una valle: il quark-*u* si annichila con l'antiquark-$\bar{u}$ e il campo quarkonico si diseccita, mentre si eccita il campo elettromagnetico.

Le formiche che vivono nel piano bidimensionale non vedono le colline e le buche che formano le increspature dei campi: vedono unicamente le perturbazioni localizzate che appartengono al piano, e le chiamano «particelle». Soltanto chi ha il privilegio della terza dimensione può vedere che si tratta di increspature di un campo preesistente, estese su una piccola regione dello spazio.

Da questo nuovo punto di vista, *le particelle non sono altro che onde localizzate*; perciò a me piace chiamarle *ondelle*, un neologismo che unifica i termini «onde» e «particelle».

Le ondelle dei campi elettromagnetico (cioè fotonico) e astenonico sono i fotoni e gli astenoni; le ondelle del campo quarkonico-*u* sono i quark *u* e gli antiquark $\bar{u}$, quelle del campo elettronico gli elettroni e i positoni.

I campi che si comportano in questo modo sono detti «campi quantistici»; la teoria che li descrive quantitativamente è detta *teoria dei campi quantistici.*

Questa descrizione rende ragione anche dell'altrimenti misterioso *dualismo onda-corpuscolo* della fisica quantistica: le particelle sono onde quando si propagano e quando interferiscono, ma appaiono come corpuscoli quando le si rivela negli esperimenti.

Un'ondella per esempio cede tutta la propria energia a un grano di un'emulsione fotografica, lo eccita chimicamente e il suo punto di arrivo è rivelato quando, a seguito del processo di sviluppo, quel piccolissimo grano si annerisce. È l'onda a determinare la probabilità di trovare la particella in un punto particolare, quando la si rivela; per questo è giusto che il termine «ondella» richiami l'onda più che la particella.

Il Modello Standard si fonda dunque non su 24 particelle ma su 24 campi quantistici, sede di 12 tipi di ondelle-materia e di 12 tipi di ondelle-forza.

La rappresentazione della figura 44 (pagina 149) è sempre valida, purché i simboli che vi compaiono siano interpretati come rappresentativi dei campi fondamentali, anziché delle particelle.

Per la gran parte dei campi infatti le particelle non sono altro che manifestazioni effimere del campo, increspature che appaiono e scompaiono con facilità.

Fanno eccezione soltanto le ondelle di piccola massa, cioè gli elettroni e i quark *u* e *d*, che non possono scomparire perché non vi sono ondelle di massa inferiore in cui decadere: ecco perché sono gli unici costituenti stabili dei nuclei e degli atomi.

L'asimmetria elettro-debole e il campo di Higgs

Nella tabella 3 a pagina 148 è evidente un'anomalia: le ondelle di tre campi-forza – fotoni, gluoni e gravitoni – hanno massa nulla, mentre gli astenoni, mediatori della forza debole, sono circa cento volte più massivi di un protone. Perché?**

I fisici teorici di tutto il mondo si sono arrovellati per decenni intorno al problema della massa degli astenoni e – in particolare – della differenza tra la massa nulla del fotone e quella molto grande dell'astenone Z^0, dato che i loro accoppiamenti ai quark e ai leptoni sono molto simili.

** L'anomalia è ancora più forte se si considera che una proprietà molto generale dei campi quantistici – la *local gauge symmetry*, «simmetria locale di ricalibratura» – impone a tutte le ondelle dei campi-forza di avere massa nulla.

Dopo molti tentativi infruttuosi, nel 1964 è stato individuato un meccanismo convincente in grado di spiegare il mistero. L'ipotesi di partenza è che l'intero universo sia abitato da un venticinquesimo campo quantistico sorto dopo il Big Bang, detto *campo scalare* oppure, dal nome di uno dei fisici teorici che l'hanno proposto, *campo di Higgs*.

Il termine «scalare» indica semplicemente che per descrivere il campo in un punto dello spazio è sufficiente un valore numerico (invece per esempio il campo magnetico è «vettoriale», cioè possiede anche una direzione, come dimostra l'allineamento della limatura di ferro vicino a una calamita). Il caso più noto di grandezza scalare è la temperatura: non ha direzione e basta un numero per definirla.

Le ondelle di un campo scalare sono *bosoni*: è questo a determinare il comportamento speciale del venticinquesimo campo.

Come tutti gli altri campi, anche quello di Higgs è pervasivo e ha le stesse proprietà ovunque, sia al centro della Terra sia negli spazi bui e freddi che separano le galassie. A differenza degli altri campi, però, quello di Higgs *contiene energia anche nello stato imperturbato e quiescente*, senza che si inietti energia dall'esterno. Ciò è conseguenza di una sua speciale proprietà, combinata con il fatto che le sue ondelle sono bosoni: l'energia del campo scalare *si riduce* quando lo spazio, anziché essere vuoto, è – per così dire – «affollato» di ondelle di Higgs, che si attraggono e «si trovano bene» sovrapposte le une alle altre, perché sono bosoni. Questo stato speciale è chiamato *condensato di Higgs*.

Poiché ogni sistema fisico tende ad andare nello stato di energia minima, lo spazio vuoto non è quindi veramente vuoto; possiamo chiamarlo un «vuoto-pieno». Per fonderlo e passare dal vuoto-pieno al vuoto-vuoto (cioè abitato da 25 campi *senza ondelle*) occorre spendere energia; come vedremo nell'Epilogo, il vuoto-vuoto era lo stato dell'universo subito dopo il Big Bang.

Ma come può l'esistenza di questo «condensato» produrre l'asimmetria tra la massa del fotone e quella dell'astenone neutro?

La ragione è che fotoni e astenoni, muovendosi nello spazio, interagiscono in modo diverso con il condensato di Higgs. I fotoni non risentono per nulla della sua presenza: le ondelle fotoniche continuano a muoversi alla velocità propria degli enti fisici che trasportano energia ma non hanno massa, cioè alla velocità della luce. Gli astenoni, al contrario, interagiscono con il condensato – assorbendone una parte – e queste continue interazioni «li rallentano»: perciò la loro velocità è minore di quella della luce, il che equivale ad aver acquisito una massa finita.

La differenza è simile a quella che si percepisce mescolando con un cucchiaino l'acqua in un bicchiere oppure il miele in un barattolo: nel secondo caso si fa molta più fatica, come se il cucchiaino avesse massa molto più grande.

Così, a causa dell'interazione con il campo di Higgs, tutti gli astenoni neutri acquistano una massa di 91,2 GeV. L'interazione con il campo scalare degli astenoni carichi è meno intensa, perciò la massa delle particelle-forza W^+ e W^- è di «soli» 80,4 GeV.

Il campo di Higgs e la massa delle particelle

Alcune metafore possono aiutare a capire il «meccanismo di Higgs» che dà massa alle particelle. La prima si deve al fisico teorico olandese Martinus Veltman, premio Nobel nel 1999, che ha scritto su *Scientific American*:

> Interagendo con il campo di Higgs, le particelle acquistano massa come pezzetti di carta assorbente che succhiano inchiostro. I pezzi di carta rappresentano le singole particelle e l'inchiostro rappresenta l'energia, cioè la massa. Pezzi di carta assorbente diversi per dimensione e spessore assorbiranno quantità diverse d'inchiostro; in modo analogo, particelle diverse «assorbono» quantità diverse di massa. La massa osservata dipende dalla capacità della particella di «assorbire energia» e dall'intensità del campo di Higgs nello spazio.

La seconda metafora risale al fisico sperimentale David Miller, e gli valse un premio messo in palio nel 1993 dal Ministro della ricerca britannico, per chi fosse riuscito a spiegare il meccanismo di Higgs in modo comprensibile ai contribuenti, le cui tasse finanziavano il LEP.

Le vignette della figura 52 illustrano l'essenza della spiegazione di Miller (nell'originale la celebrità era l'ex Primo Ministro Margaret Thatcher).

Gli ospiti di un party, distribuiti uniformemente in un grande salone, rappresentano il campo condensato di Higgs.

Quando entra una celebrità, per esempio il campione olimpico Usain Bolt, tutti quelli che gli sono vicini sono fortemente attratti e gli fanno capannello intorno. Questi ammiratori sono i bosoni di Higgs, che interagiscono fortemente con la star-astenone-neutro.

Quando l'atleta cerca di attraversare la sala, attrae le persone cui si avvicina, mentre quelle rimaste indietro tornano a distribuirsi nel salone. Per via del capannello che costantemente lo circonda, dunque, l'atleta ha massa maggiore del solito ed è rallentato nei movimenti.

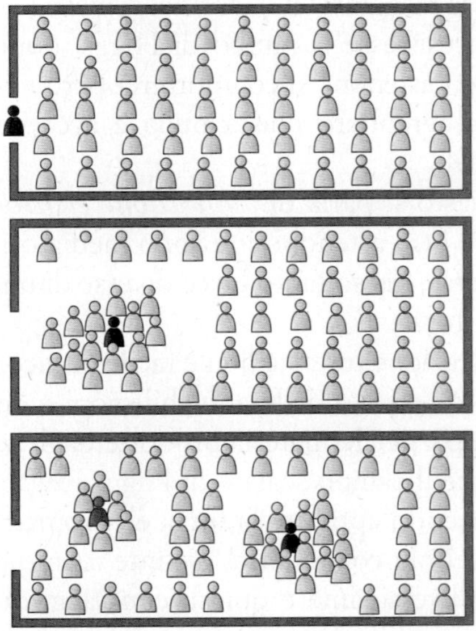

Figura 52. La metafora di Miller per il meccanismo di Higgs: all'arrivo del campione olimpico Usain Bolt, molti gli si accalcano intorno per chiedergli un autografo; così il movimento dell'atleta, «appesantito» dall'interazione con gli ammiratori, è rallentato. Se entra un atleta meno famoso, si forma un capannello più piccolo e la massa è minore.

Se invece entra un atleta meno famoso, il capannello sarà più piccolo, la massa sarà minore e la starlette-astenone-carico potrà spostarsi più velocemente.

Una terza possibile metafora è quella di due gemelli, sciatori di fondo, che attraversano un «campo innevato». Il gemello-fotone ha usato una buona sciolina, il gemello-astenone no: perciò sotto gli sci del secondo si forma uno strato di neve, che interagisce con la pista e lo fa avanzare più lentamente, come se la sua massa fosse maggiore di quella del gemello.

Se non esistesse il campo di Higgs, dunque, un fotone e un astenone si comporterebbero nello stesso modo: avrebbero massa nulla e accoppiamenti quasi uguali.

Per questo si parla di *unificazione elettro-debole*: il fotone e i tre astenoni non sono mediatori di due forze diverse, ma soltanto facce diverse di una stessa particella-forza.

L'unificazione tuttavia non è facile da riconoscere osservando l'effetto delle annichilazioni e delle collisioni tra particelle-materia prodotte dagli acceleratori, perché il campo scalare di Higgs *rompe la simmetria*, facendo apparire la forza elettromagnetica e la forza debole come entità distinte, con mediatori di masse diversissime e quindi con raggi di azione non confrontabili. Per questo si dice spesso che la simmetria rotta è anche «nascosta».

Se però l'energia scambiata nelle collisioni tra particelle-materia è *molto maggiore di 250 GeV*, il condensato di Higgs passa dallo stato di vuoto-pieno allo stato di vuoto-vuoto, con cui non interagiscono né i fotoni né gli astenoni. A quelle energie, in particolare, *la simmetria elettro-debole non è rotta* e le forze dovute allo scambio di un fotone e di un astenone Z tornano a essere facce diverse di una stessa medaglia.

Finora abbiamo parlato di bosoni, e abbiamo visto che l'onnipresente campo di Higgs dà massa agli astenoni ma non ai fotoni. Con un meccanismo diverso esso contribuisce anche alla massa delle particelle-materia, rendendo vario e interessante il mondo in cui viviamo.

Senza campo di Higgs, infatti, gli elettroni non avrebbero massa e si muoverebbero sempre alla velocità della luce; non potrebbero quindi esistere gli atomi e le molecole, che compongono tutta la materia del nostro universo e formano il supporto fisico della nostra autocoscienza.

Ecco perché i fisici dicono che «il campo scalare riempie lo spazio e rompe la simmetria elettro-debole, dando massa alle particelle (ma non ai fotoni, ai gluoni e ai gravitoni, che con tale campo non interagiscono)».

Ma esiste davvero il campo di Higgs?

Come si può dimostrare sperimentalmente che lo spazio è abitato da un campo scalare alla Higgs? Per «smascherare» il campo bisogna cercare di evidenziare *le sue ondelle*.

Infatti il condensato di Higgs è il vuoto-pieno attraverso cui tutto si muove: perciò non è rivelabile con i nostri strumenti se non attraverso il suo unico effetto, e cioè la massa delle particelle fondamentali.

Però, se l'ipotesi del campo scalare è corretta, iniettandovi una quantità sufficiente di energia si produrrà un'oscillazione localizzata, un'ondella che agli strumenti di misura apparirà come una particella: questa è la famosa «particella di Higgs» o *bosone di Higgs*.

Da molti decenni il bosone di Higgs è al centro delle ricerche in fisica subatomica, non perché sia importante in sé, ma perché la sua scoperta confermerebbe l'esistenza del campo scalare e la validità del meccanismo proposto per spiegare la massa degli astenoni.***

Così dagli anni Settanta, ogni volta che è entrato in funzione un nuovo acceleratore, la disponibilità di una maggiore energia ha reso potenzialmente osservabili bosoni di Higgs di massa maggiore, alimentando le speranze di un'imminente scoperta.

Tuttavia fino al 2010, dopo aver studiato milioni di eventi di collisione, i fisici avevano dovuto ammettere d'aver mancato il bersaglio: o il bosone di Higgs non esisteva, oppure aveva massa maggiore di quella raggiungibile con gli acceleratori a disposizione.

*** Questo è detto generalmente «meccanismo di Higgs». Va però sottolineato che, citando il solo Peter Higgs, si dimentica troppo facilmente che altri cinque fisici teorici hanno proposto la stessa soluzione, in due lavori indipendenti, sempre nel 1964: Robert Brout e François Englert da una parte e Gerald Guralnik, Carl Richard Hagen e Tom Kibble dall'altra.

Il LEP a caccia del bosone di Higgs

Così è accaduto anche al LEP, il grande anello di collisione elettrone-positone del CERN entrato in funzione nel 1989. I risultati ottenuti negli acceleratori precedenti dicevano soltanto che la massa della particella di Higgs doveva essere superiore a 30 GeV.

Il LEP iniziò registrando collisioni elettrone-positone a circa 100 GeV di energia, ed era previsto che negli anni successivi avrebbe sorpassato i 200 GeV. Poiché al LEP il bosone di Higgs doveva essere prodotto insieme a un astenone Z^0 (massa = 91,2 GeV), e all'epoca si pensava che il bosone di Higgs avesse massa inferiore a 100 GeV, eravamo tutti convinti di avere energia a sufficienza (200 GeV è maggiore di 91,2 + 100 = 191,2 GeV). Perciò contavamo di osservare finalmente, entro qualche anno, almeno alcune decine di eventi inequivocabilmente attribuibili alla creazione di particelle di Higgs.

Ciascuno dei quattro rivelatori (ALEPH, DELPHI, L3 e OPAL) era condotto da una collaborazione internazionale di circa cinquecento fisici, provenienti da una trentina di laboratori sparsi in tutto il mondo. Fin dall'inizio degli anni Ottanta le quattro squadre erano in costante collaborazione e competizione.

Come abbiamo visto nel capitolo 2, gli elettroni e i positoni circolanti in un sincrotrone, a causa della loro piccola massa, perdono a ogni giro una frazione della loro energia emettendo raggi X (radiazione di sincrotrone). Questa perdita di energia deve essere compensata dalla spinta del campo elettrico oscillante nelle cavità a radiofrequenza. Più cavità vi sono, maggiore è la compensazione delle perdite e più grande è l'energia che il collisore può raggiungere.

Negli anni l'energia del LEP aumentò gradualmente, a mano a mano che si montavano nuove cavità acceleratrici, fino a raggiungere i 175 GeV.

Non essendosi trovato alcun segnale del bosone di Higgs, negli anni 1995–1996 Daniel Treille e altri colleghi fecero di tutto per convincere il Direttorato del CERN a investire una cinquantina di milioni di franchi svizzeri nella costruzione di molte altre cavità superconduttrici, così che ciascuno dei due fasci raggiungesse i 110 GeV e nell'annichilazione elettrone-positone si potessero liberare 220 GeV.

Ma in quegli anni il nuovo acceleratore LHC – che doveva essere montato nel tunnel del LEP – era già in avanzato stato di progetto e richiedeva molte risorse umane e finanziarie; perciò alla fine la decisione fu di investire in cavità conduttrici soltanto quanto occorreva per arrivare ai 200 GeV.

All'inizio del 2000 iniziammo a raccogliere dati a questa energia, che da ottobre aumentò fino a 209 GeV. In tali circostanze i membri di una collaborazione scientifica sono tenuti al riserbo più assoluto, ma la caffetteria del CERN è sempre affollata e le voci si propagano rapidamente.

Si diffuse così la notizia che la collaborazione ALEPH aveva osservato uno, poi due e infine tre eventi attribuibili al decadimento di un bosone di Higgs. Anche L3 osservò un evento sospetto, che lasciava sperare nell'avvenuta cattura del bosone.

A questo punto il Direttore Generale del CERN Luciano Maiani si trovò a prendere una decisione molto difficile: se si fosse ritardato di un anno lo smontaggio del LEP, le migliaia di persone che lavoravano al nuovo progetto LHC avrebbero perso entusiasmo; inoltre il CERN avrebbe dovuto pagare come penale oltre cento milioni di franchi svizzeri alle ditte esterne, già sotto contratto per lo smantellamento del LEP e il montaggio dell'LHC.

Ricordo bene la lunga telefonata notturna che feci a Maiani per cercare di convincerlo a rinviare la fermata del LEP. Mi ascoltò pazientemente, da amico, perché ci conosciamo da una vita e ci consideriamo quasi fratelli. Ma la mia telefonata, come le pressioni di centinaia di altri colleghi e amici, non lo smosse dalla sua decisione: così il LEP fu definitivamente spento il 2 novembre del 2000.

Poche settimane più tardi, il gruppo ALEPH pubblicò sulla rivista *Physics Letters* un lavoro che si concludeva affermando che si era osservata la produzione di «alcune decine di probabili particelle di Higgs, con massa pari a 115 GeV e una significatività di 3 deviazioni standard». Che cosa voleva dire?

I rigori della statistica

Per poter concludere che si è osservato un certo numero di bosoni di Higgs, occorre analizzare le tracce lasciate nei rivelatori dalle molte particelle prodotte nei loro decadimenti; traccia per traccia si ricostruiscono le proprietà di ciascuna particella – energia, massa, direzione del moto – e bisogna dimostrare che si tratta proprio dei prodotti attesi nell'eventualità di un decadimento del bosone cercato.

Ma le tracce lasciate dalle particelle e antiparticelle prodotte in un evento di collisione sono decine, talvolta centinaia, e può accadere che una certa configurazione di tracce sia soltanto *simile* a una configurazione tipica del decadimento di una particella di Higgs; si parla allora di un «evento di fondo», che è praticamente indistinguibile da un evento «buono».

Per una data configurazione delle tracce, gli eventi «buoni» sono sempre ineluttabilmente mescolati a eventi di fondo; ecco perché l'analisi dei dati va fatta usando strumenti statistici.

La *deviazione standard* di una misura esprime l'errore che le si deve attribuire a causa delle inevitabili fluttuazioni statistiche; in altre parole è una stima della variabilità dei dati, dovuta a fattori casuali, rispetto al valore che ci si attende di misurare.

Nel nostro caso, se per esempio ci si aspetta di osservare 100 eventi di fondo di una certa configurazione di tracce, la deviazione standard è semplicemente la radice quadrata di 100, cioè 10.

Supponiamo allora che in un esperimento si osservino 120 eventi di quella configurazione: che cosa significa? Può darsi che i 20 eventi in più rispetto a quelli attesi siano dovuti al nuovo fenomeno cercato; ma può anche essere, invece, che il fondo abbia fluttuato di *due* deviazioni standard e gli eventi cercati non vi siano.

Tabella 4. La probabilità che l'osservazione sia dovuta a una fluttuazione diminuisce moltissimo all'aumentare del numero di deviazioni standard.

numero di deviazioni standard	probabilità che l'osservazione sia dovuta a una fluttuazione del fondo
1	1 su 6
2	1 su 45
3	1 su 750
4	1 su 32 000
5	**1 su 3 500 000**
6	1 su 1 000 000 000

La tabella 4 mostra che questa evenienza è abbastanza frequente perché accade – in media – una volta quando si ripete 45 volte lo stesso esperimento.

La «significatività di 3 deviazioni standard» di ALEPH indicava dunque che la probabilità che le particelle osservate non fossero bosoni di Higgs, era di una parte su 750 (terza riga della tabella).

Rapportata alla nostra esperienza quotidiana, una probabilità di errore di 1:750 appare veramente minuscola. I fisici però richiedono, per proclamare una scoperta scientifica, che i dati abbiano una significatività di ben 5 deviazioni standard (e con buone ragioni: la particella di Higgs identificata nell'LHC ha infatti una massa di 125 GeV, non 115 GeV).

Nella caccia all'elusivo bosone di Higgs, il LEP dovette perciò passare il testimone prima al Tevatrone e poi al Large Hadron Collider.

Main Auditorium
Amphitheâtre

La scoperta annunciata, SUSY e oltre

Il Main Auditorium *è al primo piano dell'edificio centrale del CERN. Costruito nel 1954, ha mantenuto fino al 2011 gli stessi tavolini ribaltabili di legno e le stesse lunghe lavagne, sbiancate dalle troppe cancellature.*

Vi sono entrato con grande soggezione nel 1960 per seguire le lezioni di tre personaggi storici del CERN: il francese Jacques Prentki, il tedesco Rolf Hagedorn e l'austro-americano Victor Weisskopf.

Qui con emozione ho fatto il mio primo seminario importante, seguito negli anni da molti altri. Lo affollavamo quasi in trecento durante le riunioni della collaborazione DELPHI, ed era stracolmo nel 1989 quando presentammo i risultati del primo mese di funzionamento del LEP.

Nel Main Auditorium hanno tenuto conferenze indimenticabili tutti i grandi fisici del mondo. All'inizio si scrivevano le formule sulle tre lavagne scorrevoli; poi si passò a un mastodontico proiettore di lucidi; oggi basta arrivare con una chiavetta USB *per caricare le immagini sul computer. Memorabile rimane la presentazione del 1983 in cui Carlo Rubbia annunciò la scoperta del bosone intermedio W.*

Nel dicembre del 2011 i due responsabili dei rivelatori ATLAS e CMS di LHC, gli italiani Fabiola Gia-

notti e Guido Tonelli, hanno esposto le prime indicazioni dell'esistenza del bosone di Higgs, con un livello di confidenza di 3 deviazioni standard.

Poi il 4 luglio 2012 la Gianotti e lo statunitense Joseph Incandela hanno presentato i dati che confermavano la scoperta. Erano presenti quattro tra i sei fisici teorici che nel 1964 avevano proposto il campo scalare come soluzione al problema delle masse delle particelle. Nel Main Auditorium gremito di ricercatori, l'ottantatreenne Peter Higgs ha abbracciato commosso Fabiola Gianotti e ha dichiarato che non avrebbe mai pensato di veder confermata l'ardita ipotesi prima di chiudere gli occhi.

Gli anni d'oro del Tevatrone

Lo smontaggio dei magneti del LEP iniziò nel 2001 e il bastone di comando, nella ricerca del campo di Higgs, passò al laboratorio statunitense Fermilab, a sud di Chicago. Qui dal 1989 funzionava il *Tevatrone*, un collisore protone-antiprotone che è stato il primo a utilizzare magneti deflettori superconduttori.

I due fasci del Tevatrone raggiungevano ciascuno i 1000 GeV, ma nelle collisioni non tutti i 2000 GeV d'energia totale erano utilizzabili per produrre nuove particelle. Infatti nei fasci collidenti ogni protone (o antiprotone) è fatto di tre quark (o antiquark), di molti gluoni e di coppie particella-antiparticella che continuamente si creano e annichilano; ciascuno di questi componenti perciò trasporta un'energia molto minore di 1000 GeV. La cromodinamica quantistica prevede allora che le collisioni tra i componenti fondamentali del protone e dell'antiprotone collidenti liberino, in media, soltanto *un settimo* dei 2000 GeV totali. Nel caso del Tevatrone si parla quindi di circa 300 GeV, una volta e mezzo l'energia che avevamo a disposizione al LEP.

Il Tevatrone funzionò per vent'anni con due grandi rivelatori che hanno fatto importanti scoperte, in particolare quella del quark-*t*. Tuttavia del bosone di Higgs a Fermilab si è osservato un segnale con una significatività di sole 2,8 deviazioni standard, un risultato che il Department Of Energy degli Stati Uniti non ha ritenuto sufficiente per continuare a investire nel collisore.

Così il Tevatrone è stato spento nel settembre 2011, una decisione dovuta anche all'entrata in funzione dell'LHC, che stava già raccogliendo dati a energie ben superiori.

Il Large Hadron Collider e i suoi rivelatori

L'insieme del collisore LHC e dei suoi quattro rivelatori costituisce il più grande progetto scientifico-tecnico mai realizzato sulla Terra.

Nell'LHC dal 2009 collidono due fasci di protoni. Siccome hanno la stessa carica, non possono circolare nella stessa «ciambella» come facevano i fasci di elettroni e positoni nel LEP; ruotano invece in senso opposto in due ciambelle separate, di circa 5 centimetri di diametro, sottoposte a campi magnetici di verso opposto (figura 53).

I pacchetti di protoni sono mantenuti per giorni sulla loro traiettoria circolare e continuamente focalizzati da 1232 magneti deflettori e 392 quadrupoli. Le bobine sono superconduttrici e percorse da una corrente di 12 000 ampere (un normale cavo di rame fonderebbe anche con correnti dieci volte più deboli).

I due sincrotroni concentrici dell'LHC si intersecano nei punti dove sono collocati i quattro grandi rivelatori delle collisioni protone-protone.

Negli anni 2009–2012 hanno circolato protoni da 3500–4000 GeV, con energie nel baricentro della collisione pari a 7000–8000 GeV; nel 2015 si prevede di raggiungere i 13 000 GeV. Tenendo conto che l'energia liberata nelle collisioni tra i componenti dei due protoni è circa un settimo dell'energia totale, per i primi tre anni i fisici dell'LHC hanno avuto a disposizione collisioni a circa 1000 GeV, cinque volte le energie massime del LEP.

Si parla dunque a ragione di «alte energie», ma si intende in realtà «alte *densità di energia*»: ciascuno dei protoni che collidono ha infatti soltanto l'energia di un moscerino in volo, ma la densità è enorme perché nell'LHC quell'energia è portata da un singolo protone (mentre un moscerino è fatto da centinaia di miliardi di miliardi di protoni e neutroni).

Nelle collisioni dell'LHC l'energia è così grande che si potrebbero produrre bosoni di Higgs fino a 800–900 GeV di massa. Questo è un tetto molto confortevole, perché nel 2000 le quattro collaborazioni

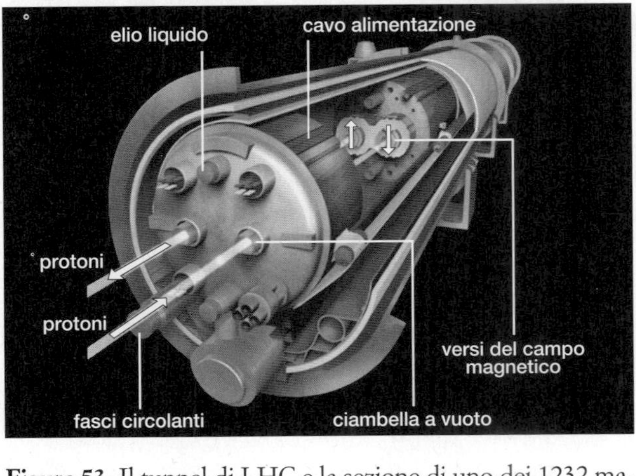

Figura 53. Il tunnel di LHC e la sezione di uno dei 1232 magneti deflettori, lunghi ciascuno 15 metri. Le frecce bianche in alto indicano che il campo magnetico ha verso opposto nelle due ciambelle, che distano tra loro 25 centimetri.

del LEP, introducendo nel Modello Standard *tutte* le osservazioni (e le non-osservazioni) fatte, conclusero che, se il bosone di Higgs esiste, la sua massa deve essere compresa tra 114 GeV e 200 GeV.

Seimila fisici di tutto il mondo hanno collaborato alla realizzazione di due enormi rivelatori ottimizzati per la ricerca del bosone di Higgs, ATLAS e CMS (figura 54), che sono stati montati 100 metri sotto terra.

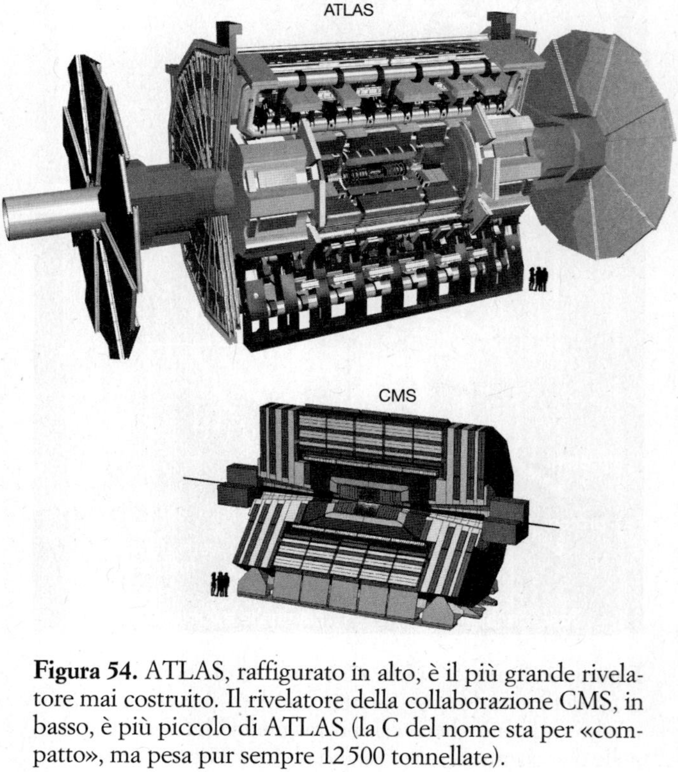

Figura 54. ATLAS, raffigurato in alto, è il più grande rivelatore mai costruito. Il rivelatore della collaborazione CMS, in basso, è più piccolo di ATLAS (la C del nome sta per «compatto», ma pesa pur sempre 12500 tonnellate).

ATLAS occupa il volume di una palazzina di sei piani: sono dimensioni circa doppie rispetto ai rivelatori del LEP, perché le energie delle centinaia di particelle prodotte in una collisione protone-protone dell'LHC sono dieci volte più grandi.

ATLAS e CMS contengono camere a fili che coprono decine di migliaia di metri quadrati e permettono di ricostruire la traccia di una particella carica con la precisione di un decimo di millimetro.

Come già nel LEP, le camere a fili sono disposte in strati concentrici attorno al punto in cui avvengono le collisioni. Gli strati distano qualche metro dal tubo a vuoto; più vicino al punto di collisione c'è una decina di strati di rivelatori al silicio, che misurano con precisione micrometrica la traiettoria delle particelle cariche che li attraversano.

Le energie delle particelle create nel punto della collisione sono dedotte misurando la curvatura delle loro traiettorie, piegata da enormi campi magnetici. Per questo CMS e ATLAS hanno al centro un solenoide superconduttore, simile a quelli dei rivelatori del LEP ma più grande e potente. Inoltre ATLAS è dotato di bobine superconduttrici disposte radialmente (figura 55), che permettono di misurare l'energia dei muoni, capaci di attraversare molti metri di ferro.

Nell'LHC ogni cinquanta miliardesimi di secondo avvengono miliardi di collisioni protone-protone; soltanto un centinaio di queste è registrato dai computer per l'analisi successiva. Per immagazzinare anche soltanto questa minuscola frazione dei dati complessivamente prodotti, occorrerebbero ben 10 milioni di DVD ogni anno. Perciò è stato necessario realizzare una nuova infrastruttura informatica, la *LHC Computing GRID*: è una rete mondiale composta da decine di migliaia di computer, che consente di memorizzare dati e condividere capacità di calcolo in tutto il globo.

Gli eventi appena registrati al CERN possono così essere immediatamente analizzati dai fisici di tutte le università e i laboratori della collaborazione. Senza la rete GRID non sarebbe possibile esaminare l'enorme quantità di dati prodotti dai quattro rivelatori dell'LHC; inoltre questa capacità di calcolo senza precedenti avrà certamente grandi ricadute tecnologiche anche in molti altri settori.

Figura 55. Le otto bobine superconduttrici di ATLAS, prima che l'interno fosse riempito da una decina di cilindri di rivelatori diversi. La persona in basso dà un'idea della scala.

GRID richiama alla mente un'altra formidabile invenzione del CERN, che risale agli inizi degli anni Novanta: il World Wide Web. Creato dall'inglese Tim Berners-Lee per permettere ai fisici di scambiarsi rapidamente dati a distanza, oggi è diventato uno dei motori dello sviluppo economico mondiale.

La scoperta annunciata

A quarant'anni dalla prima previsione della sua esistenza, e dopo decenni di lunghi esperimenti andati a vuoto, l'inafferrabile bosone di Higgs è caduto infine nella rete di LHC.

Sono occorsi due anni di presa dati, ma il 4 luglio 2012 i coordinatori delle collaborazioni ATLAS e CMS hanno annunciato l'osservazione di alcune centinaia di eventi attribuibili al decadimento di bosoni di Higgs, con massa pari a 125 GeV e significatività statistica di 5 deviazioni standard.

L'Aula Magna del CERN era stracolma, l'atmosfera elettrica; decine di migliaia di persone seguivano da tutto il mondo le presentazioni via web, e vi sono stati applausi a scena aperta.

La copertura dei mezzi di comunicazione di massa è andata al di là di ogni aspettativa, tanto che si è parlato di «higgsteria»; la frase «Il CERN scopre la particella di Dio» campeggiava in tutte le lingue su giornali e siti web. Questa espressione è stata resa famosa dal titolo di un libro scritto nel 1993 dal premio Nobel americano Leon Lederman, insieme a

Dick Teresi. La scelta del titolo è stata commerciale più che filosofica e mescola piani che non hanno a che vedere uno con l'altro; ma l'appellativo purtroppo è divenuto moneta corrente. Se proprio si vuole usarlo, troverei più appropriato applicarlo al *campo* piuttosto che alla particella: il campo scalare potrebbe anche dirsi «campo di Dio», perché secondo il Modello Standard è l'entità fisica che dota di massa le particelle e ha, quindi, la funzione di «mantenerle nell'essere», atto che i teologi attribuiscono a Dio.

I dati di LHC

Nell'LHC la creazione di un bosone di Higgs H^0 è dovuta alla fusione tra un gluone di un protone di alta energia e un gluone dell'altro protone con cui collide; infatti lo scambio gluonico che lega i tre quark è tanto intenso che in un protone da 4000 GeV ben 2000 GeV sono trasportati da gluoni.

Appena prodotto, il bosone H^0 decade in un gran numero di combinazioni di particelle più leggere. Le probabilità di questi diversi decadimenti, che si possono calcolare *in modo esatto* applicando la teoria dei campi quantistici al Modello Standard, sono riportate nella tabella 5.

In generale le probabilità di decadimento diminuiscono al calare della massa della particella-materia e dell'antiparticella-materia prodotte, perché l'interazione di una particella con il campo di Higgs è tanto più piccola quanto minore è la massa.

Tabella 5. Le probabilità di decadimento di un bosone di Higgs di 125 GeV di massa. Gli ultimi due modi di decadimento sono stati oggetto dei primi esperimenti dell'LHC.

	decadimento	in simboli	probabilità
1	in una coppia $b\bar{b}$	$H^0 \rightarrow b + \bar{b}$	65%
2	in una coppia $\tau\bar{\tau}$	$H^0 \rightarrow \tau + \bar{\tau}$	5,5%
3	in una coppia $c\bar{c}$	$H^0 \rightarrow c + \bar{c}$	2,0%
4	in due gluoni	$H^0 \rightarrow g + g$	5,7%
5	in due fotoni	$H^0 \rightarrow \gamma + \gamma$	0,25%
6	in quattro leptoni carichi	$H^0 \rightarrow e^- + e^+ + e^- + e^+$ $H^0 \rightarrow e^- + e^+ + \mu^- + \mu^+$ $H^0 \rightarrow \mu^- + \mu^+ + \mu^- + \mu^+$	0,008%

Perciò il decadimento in un quark-*b* e un antiquark-$\bar{b}$ (riga 1 della tabella) è molto più probabile del decadimento in $\tau\bar{\tau}$ (riga 2) che, a sua volta, è più probabile del decadimento $c\bar{c}$ (riga 3); ma tutti questi fermioni decadono a loro volta in molte altre particelle e individuarli, tra le decine di tracce che escono dal punto di collisione, è veramente difficile.

Anche l'abbondante decadimento in due gluoni della riga 4 della tabella è difficile da ricostruire. Per esclusione, nel 2011 e nel 2012 ATLAS e CMS hanno studiato con particolare cura i decadimenti del bosone di Higgs H^0 in due fotoni (riga 5) e in quattro leptoni carichi (riga 6), come mostra la figura 56.

Questi decadimenti hanno probabilità molto piccole, ma sono più facili da identificare e permettono una determinazione diretta della massa della parti-

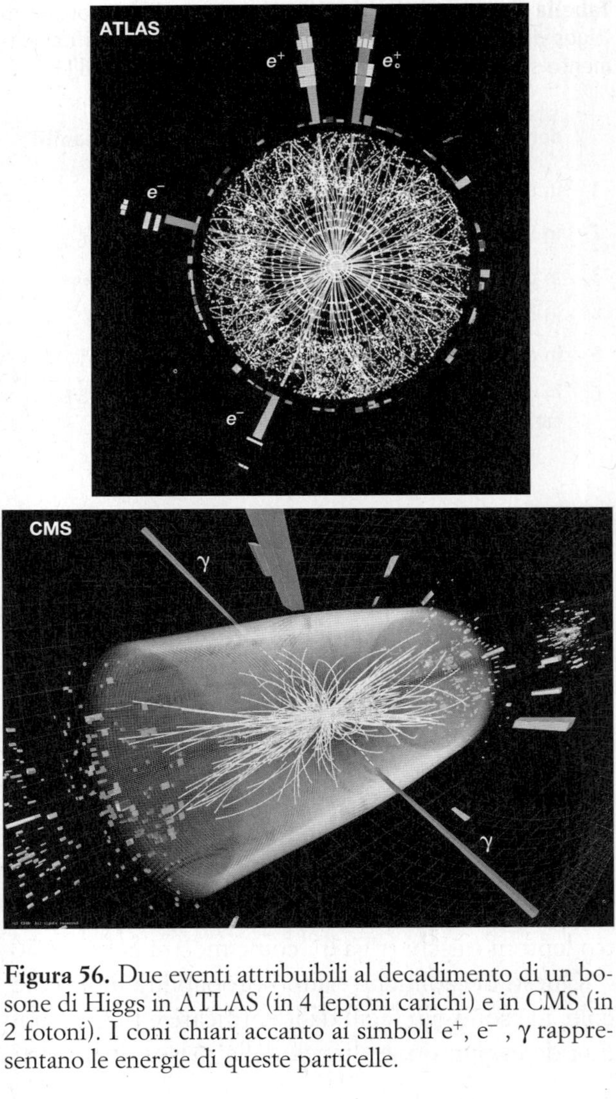

Figura 56. Due eventi attribuibili al decadimento di un bosone di Higgs in ATLAS (in 4 leptoni carichi) e in CMS (in 2 fotoni). I coni chiari accanto ai simboli e^+, e^- , γ rappresentano le energie di queste particelle.

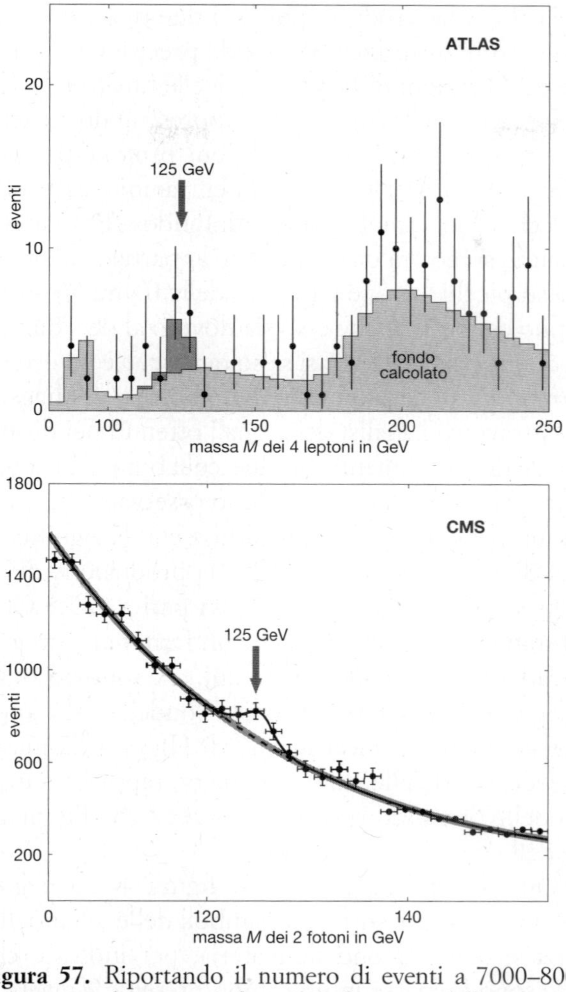

Figura 57. Riportando il numero di eventi a 7000–8000 GeV, con 4 leptoni e 2 fotoni, in funzione della massa M (ricostruita dalle energie e direzioni delle particelle finali), si osservano due picchi intorno al valore M = 125 GeV.

cella che li ha prodotti, poiché i due rivelatori sono in grado di misurare con grande precisione le energie e le direzioni di *tutte* le particelle finali.

I grafici della figura 57 rappresentano insiemi di eventi prodotti dalle collisioni protone-protone raccolti tra il 2011 e 2012. In entrambi i casi sotto i picchi vi sono molti eventi «di fondo». Per questo, quando si mostra un evento che appartiene a uno di questi picchi – come gli eventi della figura 56 – non si può essere *certi* che esso sia dovuto al decadimento di una particella H^0: si sa soltanto che è un evento *attribuibile* al decadimento di un bosone di Higgs.

Attraverso l'analisi dei segnali ottenuti nei diversi canali di decadimento, le due collaborazioni internazionali ATLAS e CMS hanno osservato – ciascuna indipendentemente dall'altra e con la significatività di 5 deviazioni standard – la produzione di un nuovo tipo di bosone con massa pari a 125,5 GeV (si tratta di un bosone perché un fermione non può decadere producendo due fotoni, che sono bosoni).

Se il nuovo bosone è proprio l'ondella del campo che – secondo il meccanismo di Higgs – dà massa alle altre particelle, allora possiamo rappresentare il Modello Standard aggiornato al 2012 con l'immagine della figura 58.

Qui abbiamo aggiunto alla figura 44 di pagina 149 un disco che sorregge i simboli delle 12 ondelle-forza e delle 12 ondelle-materia, per indicare che esse sono immerse in un campo presente *dappertutto*, con il quale interagiscono continuamente, acquistando così massa.

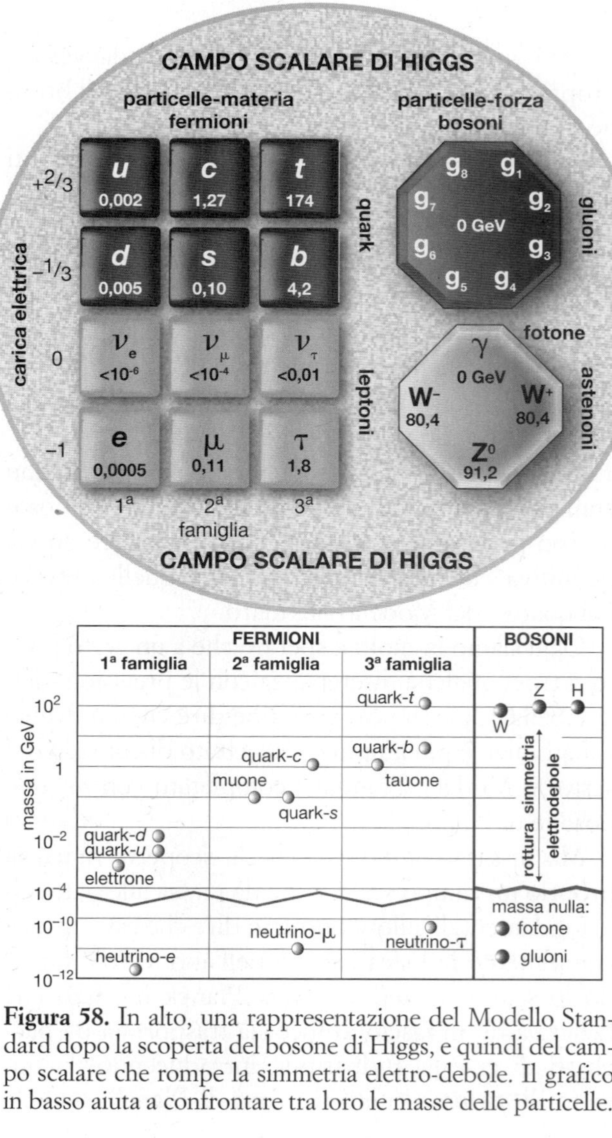

Figura 58. In alto, una rappresentazione del Modello Standard dopo la scoperta del bosone di Higgs, e quindi del campo scalare che rompe la simmetria elettro-debole. Il grafico in basso aiuta a confrontare tra loro le masse delle particelle.

Ma il nuovo bosone scoperto possiede davvero le proprietà previste dal Modello Standard per il bosone di Higgs?

Nella conferenza del luglio 2012 i rappresentanti di ATLAS e di CMS hanno prudentemente dichiarato che i decadimenti misurati sono «compatibili» con quelli attesi per una particella che risponde alle caratteristiche del bosone di Higgs. Infatti le misure della probabilità di produzione e delle probabilità di decadimento riportate da ATLAS e CMS nel luglio 2012 sono ancora grossolane, e in alcuni casi non corrispondono con quelle della tabella 5.

Gli errori di misura sono grandi e ci vorranno anni per determinare le proprietà del nuovo bosone con precisione sufficiente per concludere, in via definitiva, che tutte sono esattamente quelle previste nel quadro del Modello Standard.

Oggi siamo in molti a sperare che a un certo punto si trovi qualche discrepanza con le previsioni della tabella 5, perché ciò vorrebbe dire che l'universo subatomico è più ampio e sfaccettato di come lo descrive il Modello Standard completato con *un solo* bosone di Higgs.

Ma se sarà confermato che la scoperta riguarda proprio un campo scalare che dà massa alle particelle fondamentali, allora potremo dire che essa porta a compimento la fisica iniziata nell'anno 1900, quando lo scienziato tedesco Max Planck ipotizzò che l'energia di un fascio di luce sia trasportata da pacchetti di energia indivisibili, introducendo il concetto di *quanto*. Infatti i quanti di Planck, ondelle del campo elettromagnetico, sono particelle-forza e quindi bosoni, come i gluoni e gli astenoni. L'ultimo bosone che mancava all'appello del Modello Standard, il bosone di Higgs, è giunto all'appuntamento nel 2012, poco dopo la fine di quello che gli scienziati ricorderanno come «il secolo della fisica».*

La scoperta definitiva della validità del meccanismo di Higgs aprirà anche la strada, io spero, a un cambiamento lessicale: si diffonderà l'uso del termine compatto «higgsone» – che suona come «fermione» e «bosone» – al posto della più ostica dizione «particella di Higgs».

Supersimmetria e superparticelle

Anche se il bosone di Higgs identificato all'LHC avesse tutte le proprietà previste, i fisici non diranno mai che il Modello Standard è del tutto soddisfacente. Esso non è infatti in grado di spiegare perché le interazioni del campo di Higgs con i campi-materia – che determinano le enormi differenze di massa tra le particelle – siano tanto diverse da un caso all'altro.

Vi sono anche altre ragioni per sostenere che, con questa scoperta, la fisica delle particelle non sia finita.

* La storia non si fa con i «se», ma non posso fare a meno di rilevare che, se negli anni 1995–1996 il Direttorato del CERN avesse deciso di investire cinquanta milioni di franchi svizzeri nella costruzione di cavità superconduttrici, il LEP avrebbe raggiunto i 220 GeV e il bosone di Higgs da 125 GeV sarebbe stato scoperto nel 2000, proprio allo scadere del secolo della fisica.

Qui descriverò soltanto due di queste ragioni:

1. *Problema della massa:* se si applica la teoria dei campi quantistici al Modello Standard della figura 58, si possono giustificare i valori delle masse delle 24 particelle-forza e particelle-materia, ma al contempo si ottiene un risultato assurdo: *la massa del bosone di Higgs assume un valore enorme*;

2. *Problema della Grande Unificazione*: nei dati raccolti negli anni Novanta al LEP è racchiuso il messaggio che *i 25 campi non sono sufficienti* a descrivere il mondo subatomico se si vuole avere, oltre all'unificazione elettro-debole, anche l'unificazione della forza forte con quella elettro-debole.

Entrambi questi problemi sarebbero risolti se all'LHC venissero osservati nuovi tipi di particelle, ipotizzate da alcuni modelli teorici e così diverse dalle particelle della figura 58 da aver meritato il nome di *superparticelle*.

Vediamo per prima cosa come l'esistenza di questi nuovi corpuscoli risolverebbe il Problema della massa.

Il bosone di Higgs può trasformarsi – per i tempi brevissimi stabiliti dal solito principio di indeterminazione – in una coppia virtuale particella-antiparticella (elettrone-positone o muone-antimuone o quark-antiquark). Calcolando con la teoria dei campi quantistici tutti questi processi, si trova che la massa della particella di Higgs dovrebbe essere molto, ma molto maggiore dei 125 GeV misurati.

Fin dagli anni Settanta i migliori fisici del mondo hanno cercato di ottenere una previsione più realistica per la massa. La soluzione più soddisfacente è stata trovata nell'ipotesi che esista *una nuova forma di simmetria tra fermioni e bosoni.*

Nella descrizione data sinora, essi appartengono a due mondi diversi: le particelle-materia (i fermioni) sono le sorgenti delle particelle-forza (i bosoni), che creano e assorbono continuamente. I fermioni sembrano determinare l'esistenza dei bosoni: c'è dunque un'evidente mancanza di simmetria.

La *Supersimmetria* – che i fisici chiamano familiarmente SUSY – ipotizza invece che a ogni fermione noto corrisponda un nuovo bosone, e a ogni bosone un nuovo fermione.

Si tratta di un'ipotesi al contempo esigente e potente, perché ha come conseguenza un mondo fisico in cui vi è completa simmetria tra i fermioni (particelle *esclusive*, le cui ondelle occupano ciascuno un proprio stato) e i bosoni (particelle *inclusive*, le cui ondelle si sovrappongono con grande facilità, come avviene per i fotoni dei fasci laser e i bosoni del condensato di Higgs).

Poiché il Modello Standard inquadra in tutto 12 particelle-materia e 12 particelle-forza e un bosone di Higgs, il Modello Supersimmetrico ne prevede dunque altre 24 e inoltre – per essere coerente – richiede addirittura che esistano *ben cinque higgsoni*!

Per queste superparticelle sono stati inventati nuovi nomi: per i bosoni superpartner dei fermioni si aggiunge il prefisso «s», mentre per i fermioni superpartner dei bosoni si modifica la finale in «ino», come riassunto nella tabella 6.

Tabella 6. SUSY prevede che a ogni fermione corrisponda un bosone supersimmetrico, e viceversa.

fermioni	**bosoni supersimmetrici**
quark-*u*, quark-*d*	squark-*u*, squark-*d*
quark-*c*, quark-*s*	squark-*c*, squark-*s*
quark-*t*, quark-*b*	squark-*t*, squark-*b*
elettrone, muone, tauone	selettrone, smuone, stauone

bosoni	**fermioni supersimmetrici**
higgsone	higgsino
gluone	gluino
fotone	fotino
astenone	astenino
gravitone	gravitino

Sappiamo che le masse delle particelle non superano i 174 GeV del quark-*t*. Le masse delle superparticelle invece sono certamente maggiori di 200 GeV, visto che fino a oggi non se ne è ancora scoperta nessuna. È necessario quindi che anche in SUSY esista un meccanismo di rottura di simmetria alla Higgs, che renda ciascuna superparticella molto più massiva della corrispondente particella.

Grazie alla presenza delle nuove particelle, nel modello supersimmetrico un bosone di Higgs ha molte più possibilità di trasformazione, poiché può creare anche coppie virtuali superparticella-superantiparticella. Se si calcola il contributo alla massa del bosone di Higgs di questi nuovi processi virtuali, si scopre che esso *compensa esattamente* l'enorme contributo dovuto alle particelle del Modello Standard (purché le masse delle superparticelle non siano maggiori di 1000–2000 GeV): con una cancellazione aritmetica che ha del miracoloso, si ottiene così un valore della massa di H^0 compatibile con i 125 GeV misurati da ATLAS e da CMS.

Un ulteriore vantaggio del modello SUSY è che prevede in modo naturale, anzi necessario, l'esistenza di higgsoni: il meccanismo della rottura della simmetria elettro-debole non va introdotto *ad hoc*, ma nasce dalla teoria stessa senza bisogno di ipotesi aggiuntive.

Ma c'è di più. SUSY prevede non soltanto che esista almeno un bosone di Higgs, ma anche che la massa dell'higgsone più leggero debba essere compresa tra 120 e 130 GeV! Per questo motivo la scoperta del 2012 è da molti considerata una conferma indiretta del modello SUSY.

Se poi la massa superasse i 130 GeV, il vuoto-pieno dell'universo sarebbe in uno stato instabile e potrebbe decadere in ogni momento in un altro tipo di vuoto, facendo scomparire ogni forma nota di materia. Ecco perché, dopo la scoperta dell'higgsone da 125 GeV, qualche giornalista ha scritto che «l'universo danza sull'orlo dell'abisso».

Finora nessuna superparticella è stata osservata; la speranza è che qualcuna tra le più leggere possa essere rivelata – attraverso i suoi prodotti di decadimento – dai rivelatori dell'LHC. Tuttavia le prime ricerche, condotte in parallelo con la scoperta del bosone da 125 GeV, hanno portato soltanto a conclusioni negative. D'altra parte, se si adottano i più semplici modelli SUSY per calcolare la probabilità dei processi di produzione di nuove particelle, le masse degli squarks e del gluino devono essere maggiori di 1000 GeV.

Gli accoppiamenti dipendono dall'energia scambiata

L'ipotesi della Supersimmetria permette di risolvere anche l'altro problema lasciato aperto dal Modello Standard, quello della Grande Unificazione tra le forze forte, elettromagnetica e debole della figura 59.

Per capire come ciò avvenga, bisogna ricordare che ciascuna forza è caratterizzata dal valore della massa della particella-forza e dal suo accoppiamento, cioè dalla probabilità che essa sia emessa o assorbita dalla particella-materia.

Il punto-chiave è che per ciascuna forza *il valore dell'accoppiamento dipende dall'energia scambiata*. Nella figura 59 abbiamo riportato i valori della tabella 3, che però sono validi soltanto a $\epsilon = 0{,}5$ GeV; a energie diverse, gli accoppiamenti cambiano.

Infatti, come abbiamo visto nel capitolo 2, ogni forza ha un «raggio d'influenza» R legato all'energia ϵ del mediatore virtuale dalla relazione $R = 0{,}2 / \epsilon$.

Quanto più energetico è il mediatore virtuale, dunque, tanto più piccolo è il suo raggio di azione e tanto minore la sua distanza dalla particella «sorgente della forza» che l'ha emesso.

Sappiamo già che la forza *forte* diventa più intensa quando la distanza aumenta, perché i gluoni scambiati – che si attraggono, essendo particelle-forza «colorate» – formano quella sorta di elastico che lega i quark e gli antiquark.

In correlazione con questo fatto, l'accoppiamento di un quark al gluone, che vale $\alpha_g = 1$ per $\epsilon = 0{,}5$ GeV, *diminuisce* al crescere dell'energia scambiata, cioè quando la distanza diminuisce. E infatti al LEP si è misurato per $\epsilon = 100$ GeV un valore otto volte più piccolo: $\alpha_g = 0{,}125$.

L'opposto accade per la forza *elettromagnetica*, che aumenta con il diminuire della distanza, come illustrato nella figura 60.

Un elettrone è sempre circondato da coppie virtuali elettrone-positone *polarizzate*, cioè orientate con la carica positiva affacciata verso la carica negativa

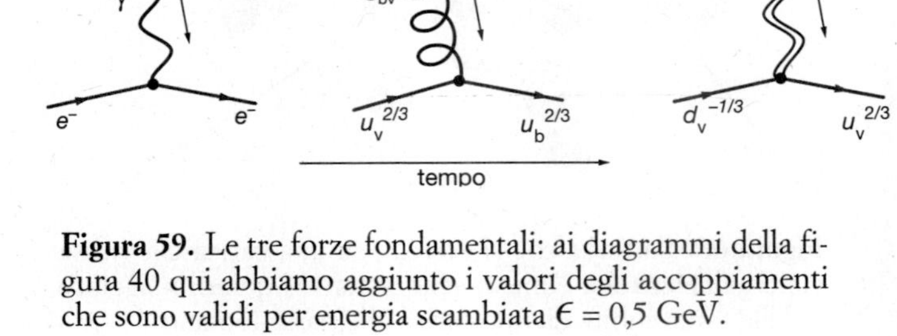

Figura 59. Le tre forze fondamentali: ai diagrammi della figura 40 qui abbiamo aggiunto i valori degli accoppiamenti che sono validi per energia scambiata $\epsilon = 0{,}5$ GeV.

dell'elettrone-sorgente. Di conseguenza, un secondo elettrone che passa lontano risente di una forza repulsiva ridotta, perché la carica dell'elettrone centrale è schermata dalla polarizzazione delle coppie virtuali. Se invece il secondo elettrone passa vicino, sarà più deflesso perché un minore numero di coppie scherma la carica negativa dell'elettrone-sorgente.

Con i rivelatori del LEP si è misurato che l'accoppiamento elettromagnetico α_γ, che vale 0,0073 a 0,5 GeV, *aumenta gradualmente* al crescere dell'energia, diventando α_γ = 0,0078 quando l'energia scambiata è ϵ = 100 GeV.

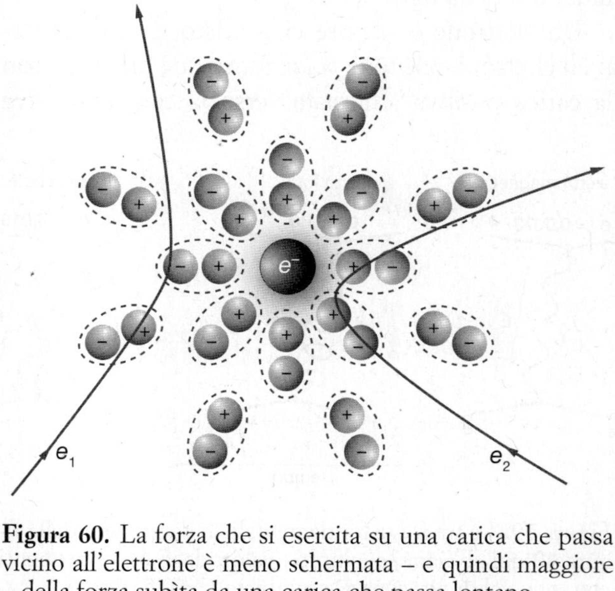

Figura 60. La forza che si esercita su una carica che passa vicino all'elettrone è meno schermata – e quindi maggiore – della forza subita da una carica che passa lontano.

La Grande Unificazione

Dunque al crescere dell'energia l'accoppiamento forte diminuisce, mentre quello elettromagnetico aumenta: la forza forte diventa *più flebile*, quella elettromagnetica *più intensa*.

E che cosa accade all'accoppiamento *debole* al variare dell'energia?

I dati raccolti al LEP negli anni Novanta hanno confermato, con molta più accuratezza, ciò che già si sapeva da misure fatte negli acceleratori precedenti: fino all'energia ϵ = 100 GeV l'accoppiamento debole *diminuisce* al crescere dell'energia, come l'accoppiamento forte.

I dati sperimentali sono riportati nella banda grigia a sinistra nella figura 61. In questa figura l'asse verticale riporta l'*inverso* dell'accoppiamento (perché così le curve risultano quasi rettilinee): valori numerici piccoli indicano perciò un grande accoppiamento, cioè una forza più intensa.

La scala orizzontale è logaritmica: a ogni tacca l'energia aumenta di un fattore 100. I valori degli accoppiamenti a energie maggiori di 100 GeV sono calcolati applicando la teoria dei campi quantistici e usando i valori misurati delle masse di tutte le particelle e antiparticelle (infatti abbiamo visto che sono proprio le coppie virtuali particella-antiparticella a far sí che gli accoppiamenti varino con l'energia scambiata).

Come si vede dal grafico, gli accoppiamenti delle tre forze tendono a convergere ma «mancano il bersaglio»: intorno ai 10^{15} GeV sono quasi uguali, ma le tre curve *non* passano per uno stesso punto.

Nel quadro del Modello Standard, dunque, a nessuna energia le tre forze fondamentali hanno la stessa intensità: la «Grande Unificazione» non è valida.

Un punto di unificazione «elettro-forte» si può trovare invece nell'ipotesi che valga la Supersimmetria (tenendo quindi conto, nel calcolo dell'andamento degli accoppiamenti, anche della creazione virtuale di superparticelle e di anti-superparticelle).

La figura 62 mostra gli accoppiamenti che abbiamo calcolato nel 1991 con il collega Wim de Boer e il laureando Hermann Furstenau.

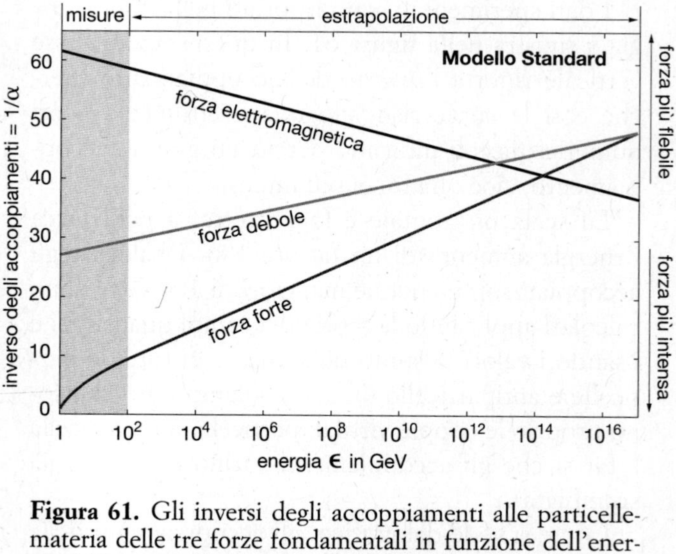

Figura 61. Gli inversi degli accoppiamenti alle particelle-materia delle tre forze fondamentali in funzione dell'energia della particella-forza, secondo il Modello Standard.

Nelle equazioni già note di teoria dei campi, assegnammo alle masse delle particelle supersimmetriche valori tali da ottenere la convergenza dei tre accoppiamenti in un solo punto. Stabilimmo così che le masse di queste superparticelle devono essere comprese all'incirca tra 300 GeV e 3000 GeV.

Il nuovo grafico mostra che nell'intorno dei 1000 GeV le tre curve cambiano pendenza – a causa dei processi virtuali nei quali compaiono e scompaiono anche le particelle e le antiparticelle supersimmetriche – e ciò produce un punto di unificazione delle forze.

Come osservammo all'epoca, questa convergenza *non dimostra* la validità della teoria della Supersim-

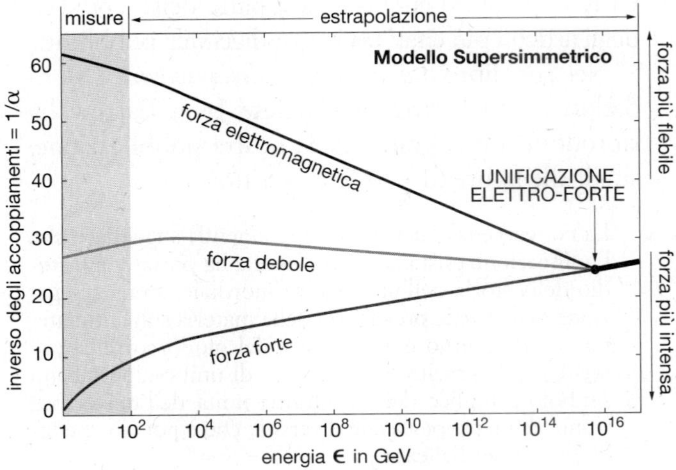

Figura 62. La figura è del tutto analoga alla precedente, ma qui si è fatta l'ipotesi che esistano anche le particelle supersimmetriche, con masse comprese tra 300 e 3000 GeV.

metria: è però una chiara indicazione della *plausibilità* di questa ipotesi elegante e rivoluzionaria, che è suggerita da molti altri ragionamenti indipendenti e porta all'*unificazione elettro-forte*.

Negli anni successivi il nostro approccio è stato migliorato, e spesso complicato, ma la sostanza non è cambiata: senza nuove particelle e antiparticelle di energia maggiore di qualche centinaio di GeV – oppure senza nuovi ingredienti da aggiungere al Modello Standard – non si può ottenere l'unificazione elettro-forte. SUSY oggi è la teoria più soddisfacente in grado di produrre questo grande risultato.

Il nostro lavoro sulla plausibilità della Supersimmetria ebbe molta risonanza e nel 2004 – quando il CERN compì 50 anni – faceva parte della Top Ten degli articoli più citati tra i circa diecimila pubblicati.

Nel suo libro *Le immagini della scienza* (Mondadori 2009) l'astrofisico inglese John Barrow ha riprodotto i due grafici della nostra pubblicazione, simili alle figure 61 e 62, e ha scritto:

> La convergenza [dei tre accoppiamenti] suggerisce che l'unificazione esista effettivamente e ha portato allo studio della storia dell'universo primordiale, a una spiegazione dell'attuale prevalenza della materia sull'antimateria al suo interno e alla ricerca del modo corretto per includere la gravità nello schema di unificazione. È un simbolo semplice della profonda unità dell'universo a fronte di una superficiale diversità, che è poi ciò che intendiamo per bellezza.

Dopo la ricerca del campo di Higgs, la caccia alle particelle supersimmetriche è il secondo punto focale della sperimentazione all'LHC. L'energia che sarà disponibile nei prossimi anni nelle collisioni protone-protone permetterà infatti di produrre particelle e superparticelle con massa fino a 2000–3000 GeV.

Nonostante le analisi più accurate, non si è trovata alcuna traccia di superparticelle nei dati raccolti all'LHC fino al 2012. Ciò sembra escludere i modelli più semplici di Supersimmetria, ma i fisici teorici hanno ideato modelli più complessi che sono compatibili con l'assenza di segnale alle energie ottenute finora, e portano comunque alla Grande Unificazione.

In ogni caso, qualora la Supersimmetria venisse confermata da risultati sperimentali, la convergenza delle tre curve della figura 62 rappresenterà la più convincente manifestazione della Grande Unificazione elettro-forte: se ne potrà concludere che, a energie scambiate di 10^{15}–10^{16} GeV, le forze forte, elettromagnetica e debole sono aspetti diversi di un'unica forza, definita da un solo accoppiamento.

Le stringhe

Una teoria supersimmetrica delle particelle e delle forze fondamentali è esteticamente attraente, prevede l'esistenza del campo di Higgs, risolve in modo naturale il problema della massa delle sue ondelle e conduce all'unificazione elettro-forte. Eppure si tratta ancora di un'unificazione parziale. Manca infatti all'appello la quarta forza che agisce in natura: la forza gravitazionale.

Un'ulteriore unificazione sarà enormemente ardua, perché è molto difficile far coesistere la teoria quantistica, che è alla base del Modello Standard, con la teoria della relatività generale di Einstein, che spiega la gravità come effetto della curvatura dello spaziotempo; per farlo, occorrerà cambiare qualcuno dei loro ingredienti fondamentali. A questo riguardo i fisici matematici hanno formulato molte proposte, ma fino a oggi nessuna è del tutto convincente.

Accennerò soltanto alla costruzione teorica che ha goduto di maggiore credito negli ultimi trent'anni, in attesa di future conferme o smentite sperimentali. Si tratta della «teoria delle corde quantistiche», detta comunemente *teoria delle stringhe* per assonanza con la parola inglese *string*, «corda». Se nel Modello Standard le particelle sono considerate puntiformi, questa teoria le vede invece come minuscoli pezzetti di corda infinitamente sottili, talvolta anellini, capaci di vibrare in modi diversi, così come una corda di chitarra può emettere note diverse a seconda della sua lunghezza. Ogni modo di oscillazione appare come una particella differente: in un caso un elettrone, in un altro un quark, come indicato nella figura 63.

Nella teoria a cui i fisici teorici hanno dedicato più attenzione, le stringhe non sono strutture dello spazio a tre dimensioni che ben conosciamo. Esse abitano invece uno spazio molto più ricco di possibilità, in quanto ha *nove dimensioni spaziali* oltre alla dimensione temporale.

Secondo la teoria, le sei dimensioni che non cadono sotto i nostri sensi sarebbero «accartocciate» su se

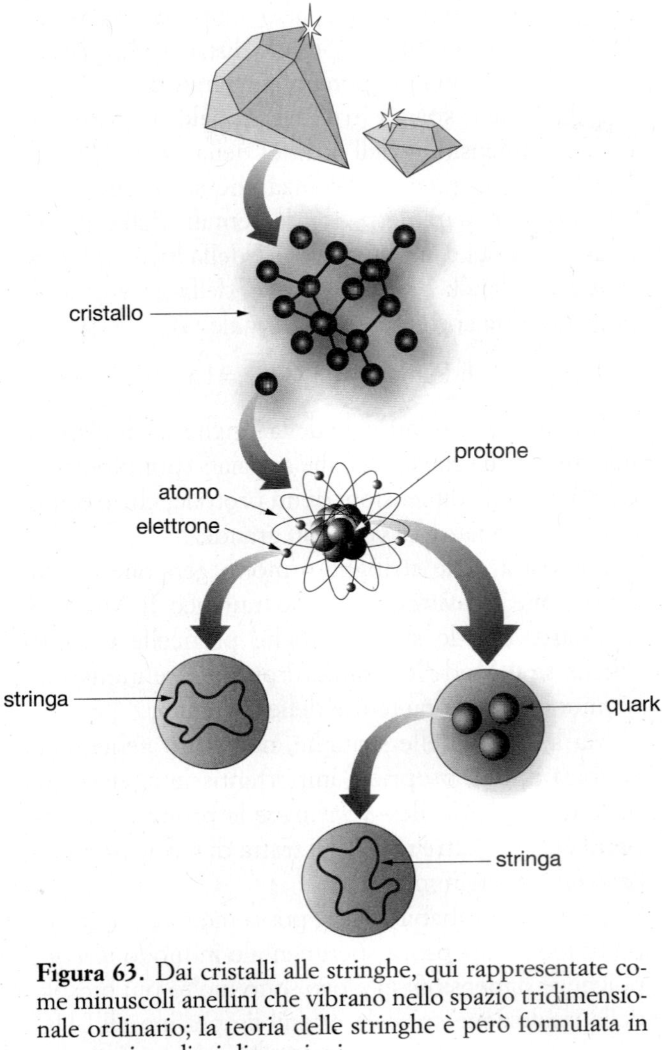

Figura 63. Dai cristalli alle stringhe, qui rappresentate come minuscoli anellini che vibrano nello spazio tridimensionale ordinario; la teoria delle stringhe è però formulata in uno spazio a dieci dimensioni.

stesse in ogni punto dello spazio, tanto da non essere rivelabili neanche alle più piccole distanze che possiamo esplorare con i più potenti acceleratori.

Nell'usuale spazio tridimensionale le stringhe hanno dimensioni dell'ordine della *lunghezza di Planck*, la più piccola distanza che si ottiene «mescolando» i parametri fondamentali della teoria quantistica dei campi (la velocità della luce c e la costante di Planck h) e della teoria della gravitazione universale (la costante gravitazionale G):

$$\text{lunghezza di Planck} = \sqrt{h\,G/c^3} = 1{,}6 \cdot 10^{-35}\,\text{metri.}$$

Dato il valore minuscolo della lunghezza di Planck, non meraviglia che le stringhe appaiano puntiformi se rapportate alle dimensioni di un protone, che è cento miliardi di miliardi di volte più grande.

La teoria delle stringhe è molto generale e non è possibile ricavarne in modo univoco il Modello Standard, con le sue specifiche particelle e forze (anche se il Modello Standard può essere inquadrato in una opportuna teoria delle stringhe).

Ma le teorie delle stringhe, nella loro generalità, godono di una proprietà importantissima: ciascuna delle loro «particelle» *deve avere* la propria «superparticella». In altre parole, si tratta di teorie *intrinsecamente* supersimmetriche.

È però improbabile che si possa mettere questo tipo di teorie alla prova sperimentale in modo *diretto*, poiché le dimensioni in gioco sono molto più piccole della risoluzione spaziale ottenibile perfino all'LHC (che raggiunge «soltanto» i 10^{-19} m, come indicato nella figura 30 di pagina 111). Oggi non è possibile nemmeno immaginare acceleratori così potenti da raggiungere una risoluzione di 10^{-35} m, ben 16 ordini di grandezza più spinta dei limiti attuali. Ovviamente non è escluso che in qualche modo si possano ottenere – magari tra molti anni – conferme *indirette*.

Dunque le prospettive sperimentali sono evanescenti, e inoltre il numero delle possibili teorie delle stringhe si moltiplica di anno in anno. Ciò ha fatto nascere tra i fisici un movimento di opinione molto critico che include anche Lee Smolin, uno dei costruttori della teoria. La polemica ha scosso il mondo della fisica delle particelle e ha dato fiato a diverse teorie alternative preesistenti. Tuttavia, come molti colleghi, io sono ancora convinto che le stringhe, nonostante le difficoltà e le molte indeterminazioni, restino il candidato più valido nella ricerca dell'unificazione della forza elettro-forte con la forza gravitazionale.

Voglio sottolineare comunque che la natura potrebbe essere supersimmetrica anche senza che le particelle siano infinitesime corde vibranti. Ed è proprio l'eventuale conferma – oppure la confutazione – della teoria supersimmetrica delle particelle a costituire l'attuale frontiera della fisica fondamentale.

Molti fisici pensano che, dopo aver scoperto la particella di Higgs, l'LHC darà inizio alla fisica sperimentale del ventunesimo secolo rivelando almeno la più leggera tra le ipotetiche superparticelle, la particella neutra chiamata *neutralino*. Come vedremo nell'Epilogo, questa superparticella potrebbe avere anche un ruolo molto importante per la stabilità delle galassie.

CAPITOLO 6

Acceleratori che curano

Il Wilson Hall *è l'edificio centrale del* Fermilab, *il laboratorio di fisica delle particelle vicino a Chicago, la città dove Enrico Fermi ha lavorato e insegnato dal 1946 fino al 1954. Questa costruzione, più bella di tutti gli edifici del CERN, fu voluta dal fondatore e primo direttore del laboratorio Robert Rathburn Wilson, conosciuto da tutti – nel piccolo mondo della fisica degli acceleratori – come «Bob». Visionario ma con i piedi ben piantati in terra, Bob Wilson era scultore, architetto e grande esperto di acceleratori, avendo studiato a Berkeley come dottorando di Ernest Lawrence.*

Aveva diretto la costruzione di vari sincrotroni per elettroni alla Cornell University, quando nel 1968 fu chiamato a creare dal nulla il laboratorio nazionale degli Stati Uniti, insieme al sincrotrone che per molti anni sarebbe stato l'acceleratore più potente al mondo: il Tevatrone, con una circonferenza di 6 kilometri.

Nel 1969, durante un'audizione al Senato, gli fu chiesto quale fosse l'utilità del nuovo superacceleratore per la difesa nazionale. La sua risposta è rimasta famosa: «It has nothing to do directly with defending our country, except to make it worth defending» *(«Non ha direttamente a che fare con la difesa del nostro Paese, ma ne fa un luogo che vale la pena di difendere»).*

Bob Wilson diresse la progettazione fin nei minimi dettagli e il Tevatrone accelerò protoni a 300 GeV alla fine del 1973 e a 500 GeV nel maggio 1976, quando il Superprotosincrotrone del CERN raggiungeva soltanto i 400 GeV.

Se apriamo questo capitolo con Bob Wilson, tuttavia, non è per i suoi meriti di manager o di architetto, ma perché è stato il primo a proporre – già nel lontano 1946 – l'uso degli acceleratori di protoni nella terapia dei tumori.

I raggi di Röntgen in medicina

Con la scoperta dei raggi X, nel 1895, Wilhelm Röntgen diede inizio a una serie d'imprevedibili sviluppi in fisica fondamentale, ma aprì anche una nuova era per la diagnostica medica e la cura dei tumori.

Il 13 gennaio del 1896, due settimane dopo l'annuncio della scoperta, Röntgen illustrò le straordinarie proprietà dei suoi «raggi» – che oggi sappiamo essere fotoni di circa 10 000 elettronvolt (0,01 MeV) – all'imperatore Guglielmo II. Soltanto tre settimane dopo, a Liverpool, il medico Robert Jones e il fisico Oliver Lodge usarono la radiografia per visualizzare una pallottola conficcata nella mano di un ragazzo. La posa durò ben quattro ore, perché il fascetto di elettroni che generava i raggi X era di intensità debolissima: infatti il «tubo di Crookes» della figura 2 a pagina 19, pur essendo il migliore acceleratore dell'epoca, era in grado di produrre soltanto pochi elettroni.

Un recipiente vuoto conteneva due elettrodi ad alta tensione. I pochi ioni positivi presenti nell'aria residua, attirati dall'elettrodo negativo (*catodo*), lo colpivano estraendone una piccola quantità di elettroni; questi acceleravano verso l'elettrodo positivo (*anodo*), ionizzando l'aria, e bombardando il metallo dell'anodo producevano la radiazione di Röntgen.

In pochi mesi i raggi X cominciarono a essere utilizzati anche negli ospedali da campo militari, per radiografare i soldati feriti. Pioniere fu il colonnello Giuseppe Alvaro, che a Napoli radiografò due soldati rimpatriati dopo la battaglia di Adua in Abissinia.

In parallelo alle applicazioni diagnostiche si svilupparono quelle terapeutiche. Il 29 gennaio 1896 Emil Grubbe, studente di medicina omeopatica all'Università di Chicago, irradiò – senza successo – il seno di una donna affetta da cancro. Di questo primo intervento non esiste documentazione scientifica; si sa però che Grubbe divenne poi un ardente sostenitore della *radioterapia*, che insegnava con passione ai medici.

L'irradiamento di un malato di cancro allo stomaco da parte del medico lionese Victor Despeignes è invece documentato da una pubblicazione del 26 luglio 1896. Poiché quel malato morì, molti storici della medicina fissano la data di nascita della radioterapia al 24 novembre successivo, con il primo trattamento effettuato dal medico viennese Leopold Freund. Convinto che non si potessero curare i tumori profondi con i poco penetranti raggi X dell'epoca, Freund li usò invece per curare un tumore superficiale di una bambina, che visse poi fino a settant'anni.

La rapidità con cui l'uso dei raggi X si diffuse nel mondo, sia in diagnostica sia in terapia, è dovuta a due fattori: i giornali e la radio informavano quotidianamente il pubblico, inclusi i medici e i fisici di tutto il mondo, dei progressi scientifici; inoltre i tubi di Crookes erano disponibili in ogni laboratorio di fisica.

Nel primo decennio del Novecento si migliorarono le tecniche per controllare, collimare e dosare la radiazione. Tuttavia con i tubi di Crookes la durata delle pose e delle sedute di radioterapia rimaneva molto lunga. Finalmente, nel 1913, il medico newyorkese William Coolidge sviluppò e brevettò il tubo che porta il suo nome (figura 64).

Due erano le novità: innanzitutto il catodo, fatto di tungsteno, era scaldato da una corrente elettrica ed emetteva una corrente elevata e stabile di elettroni, accelerati poi verso l'elettrodo positivo; inoltre

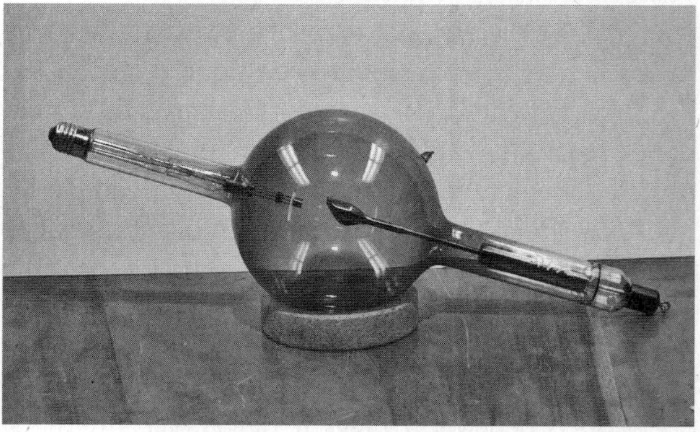

Figura 64. La struttura interna di un *tubo di Coolidge*: a sinistra si trova il catodo, a destra l'anodo.

l'anodo colpito dagli elettroni era raffreddato da un flusso d'acqua, che ne impediva il surriscaldamento anche quando il fascio di raggi X era molto intenso.

Fu così possibile produrre fasci più intensi di raggi X e ridurre la durata dell'irradiamento. Cinquant'anni più tardi fu introdotto l'*anodo rotante* che, dissipando ancor meglio il calore, permette la produzione di fasci intensissimi di raggi X.

La TAC

I tubi oggi utilizzati per la comune TAC (acronimo di «Tomografia Assiale Computerizzata») non sono molto diversi dal tubo di Coolidge. Molto migliorata è invece la tecnica di produzione della tensione acceleratrice, che oggi è di circa centomila volt: con elettroni che raggiungono 0,1 MeV, un tubo a raggi X è quindi un acceleratore di bassissima energia.

Gli elettroni penetrano per meno di un centesimo di millimetro nell'anodo di tungsteno, producendo fotoni (raggi X) con energie che vanno da zero fino a 0,1 MeV. Il fascio di fotoni è collimato in modo da formare un ampio «ventaglio» di raggi X, spesso uno o due millimetri (figura 65).

Durante una TAC i fotoni inviati al paziente interagiscono con gli elettroni delle molecole dei tessuti e sono in parte assorbiti. A seconda degli organi attraversati, dal corpo del paziente emerge un flusso variabile di fotoni, che è misurato dai rivelatori. In un osso, per esempio, la densità di elettroni è una volta e mezza quella dei tessuti molli: in corrispondenza del torace e delle costole, perciò, i rivelatori misurano un flusso di fotoni minore che nella zona dell'addome.

Il tubo di un apparato per la TAC si muove lentamente su una traiettoria a spirale, scansionando il corpo del paziente disteso. Un potente computer combina poi i valori delle frazioni di raggi X non assorbite dal corpo – misurati lungo tutte le direzioni – e ricostruisce l'immagine tridimensionale dei tessuti: le ossa, che assorbono maggiormente, appaiono chiare mentre il tessuto dei polmoni appare scuro.

Il risultato è un'immagine che mostra la forma e la dimensione degli organi interni (figura 66a), mettendo in luce eventuali alterazioni patologiche.

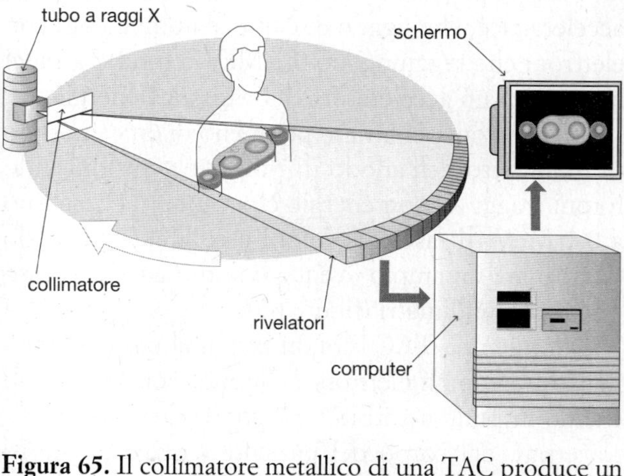

Figura 65. Il collimatore metallico di una TAC produce un sottile e ampio fascio di raggi X che attraversa il corpo del paziente. I fotoni non assorbiti sono misurati dai rivelatori.

La PET, tomografia a emissione di positoni

La TAC non fornisce informazioni sul metabolismo degli organi e sui loro processi fisiologici; non rivela, per esempio, l'attività metabolica irregolare dovuta al proliferare di cellule tumorali. Per questo si ricorre alla PET, acronimo di *Positron Emission Tomography*.

Per applicare questa tecnica bisogna iniettare nel paziente un *radiofarmaco tracciante*, cioè una sostanza lievemente radioattiva in grado di entrare in circolo negli organi e di *tracciare* l'attività delle cellule. Come avviene il tracciamento?

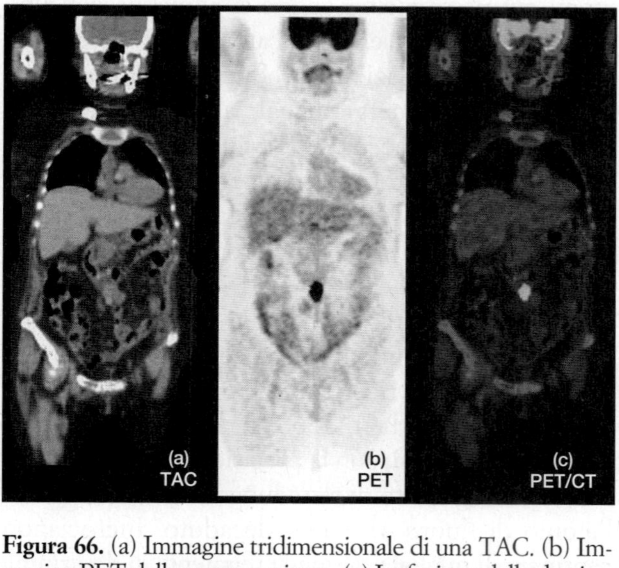

Figura 66. (a) Immagine tridimensionale di una TAC. (b) Immagine PET dello stesso paziente. (c) La fusione delle due immagini mette in evidenza i tessuti, che metabolizzano meglio lo zucchero e spesso non sono visibili con la sola TAC.

Il nucleo radioattivo più utilizzato nella PET è il fluoro-18, che è reso iniettabile legandolo chimicamente alle molecole di uno zucchero, il desossiglucosio; il radiotracciante si chiama perciò fluorodesossiglucosio o FDG.

I tessuti tumorali hanno un'intensa attività metabolica, quindi assorbono dal sangue molti zuccheri; in questo modo assimilano anche l'FDG e si caricano di fluoro-18, che decade – con una vita media di circa due ore – emettendo positoni.

Ogni positone emesso percorre nel tessuto qualche millimetro, rallentando mentre cede energia agli atomi cui passa vicino; infine si annichila con uno dei numerosissimi elettroni atomici presenti nelle cellule. L'annichilazione produce due fotoni, che hanno ciascuno energia uguale alla massa dell'elettrone e del positone, cioè 0,5 MeV.

Sono questi i fotoni che si osservano con l'apparato della PET: essi viaggiano in verso opposto (figura 67a) e sono rivelati da una corona di blocchetti di materiale «scintillante» (figura 67b), fatti di un particolare cristallo trasparente che emette un piccolo lampo di luce quando il fotone cede la sua energia.

Un calcolatore ricostruisce poi la linea che congiunge i due blocchetti opposti, colpiti dai due fotoni; si identifica così, con la precisione di qualche millimetro, il segmento di retta lungo il quale si trovava l'atomo di fluoro–18 che è decaduto. Incrociando centinaia di migliaia di questi segmenti, si determina la forma del tessuto in cui si è concentrato il fluorodesossiglucosio, come nella precedente figura 66b.

I tempi di preparazione e distribuzione dello zucchero «marcato» devono essere molto rapidi, perché il numero di atomi radioattivi si riduce alla metà in meno di due ore (l'*emivita* è di 109 minuti). Per questo motivo molti grandi ospedali dispongono di un proprio ciclotrone, simile ai ciclotroni inventati e costruiti da Ernest Lawrence negli anni Trenta e Quaranta, ma finalizzato a produrre il fluoro–18.

In questo ciclotrone gruppi di protoni, partendo dal centro di un magnete di circa cinquanta centimetri di diametro, percorrono la solita traiettoria a spirale per poi colpire un bersaglio d'acqua arricchito in ossigeno–18, cioè contenente più atomi di ossigeno–18 dell'acqua normale. L'ossigeno–18 è fatto di 8 protoni e 10 neutroni, ma quando è bombardato dalle particelle accelerate acquista un protone e perde un neutrone, divenendo così fluoro–18.

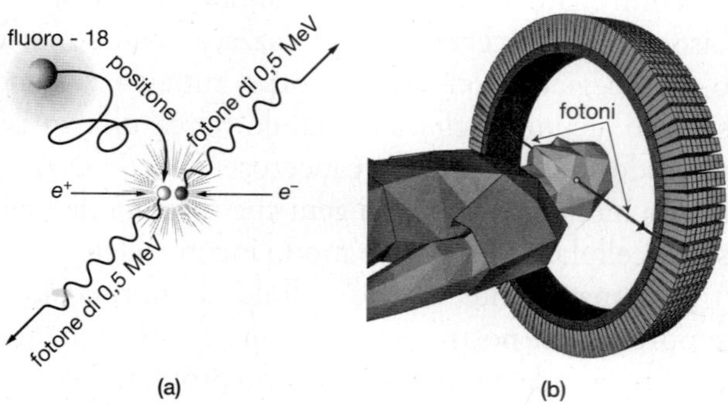

Figura 67. (a) Il positone si ferma e si annichila con un elettrone atomico. (b) I due fotoni sono rivelati contemporaneamente da due blocchetti di cristallo scintillante.

In altri casi il ciclotrone è proprietà di una ditta specializzata, che di prima mattina invia le fiale agli ospedali. Affinché la radioattività del fluoro-18 non sia troppo ridotta, il prodotto deve essere iniettato nella vena dei pazienti durante la mattinata.

Se si applicano contemporaneamente le due tecniche diagnostiche PET e TAC e se ne combinano le immagini tridimensionali, come nella figura 66c a pagina 217, si ottiene una *scansione PET-CT* (in inglese la TAC si chiama CT, *Computed Tomography*) che dà informazioni simultanee sulla morfologia e sul metabolismo dei tessuti, consentendo diagnosi molto precise.

L'origine e la terapia dei tumori

In un organismo sano le cellule si duplicano in modo controllato, cioè soltanto quando l'organismo ha bisogno di crescere o di rimpiazzare cellule morte o danneggiate. Nel nostro corpo tuttavia vi sono sempre alcune migliaia di cellule (circa una su un miliardo) potenzialmente cancerose: il loro DNA ha subìto molte *mutazioni* e i geni che regolano la divisione cellulare agiscono in modo incontrollato.

Fortunatamente queste cellule di norma sono soppresse dal nostro sistema immunitario; quando ciò non accade, però, esse possono proliferare anche se l'organismo non lo richiede. Il tessuto che allora cresce fuori controllo si chiama *tumore* o *cancro* (termini che qui usiamo come sinonimi).

Nell'uomo possono comparire più di cento tipi diversi di cancro. In molti casi le cellule tumorali originatesi in un organo invadono altri tessuti, diffondendosi attraverso il sistema sanguigno e il sistema linfatico in altre parti del corpo, anche lontane, dando luogo a colonie chiamate *metastasi*.

Data la varietà degli organi affetti e delle manifestazioni patologiche, per curare queste malattie (che colpiscono ogni anno circa 260 000 italiani) si usano metodologie diverse e complementari.

La terapia più diretta dei tumori «solidi», quando hanno confini ben definiti, consiste nell'asportazione del tessuto malato tramite la chirurgia, che spesso interviene anche sui linfonodi vicini, sedi di possibili metastasi.

La radioterapia è la seconda metodologia «locoregionale»; ogni anno vi si sottopone il 50% circa di tutti i malati, più di 120 000 nostri concittadini. Spesso è combinata con la *chemioterapia*, una somministrazione di farmaci che mira a distruggere le cellule e i tessuti metastatici che non si possono asportare con la chirurgia né distruggere con la radioterapia.

Come funziona la radioterapia

La radioterapia, o cura dei tumori con i raggi X, utilizza un fascio di fotoni penetranti, di 5–10 MeV d'energia, per danneggiare il patrimonio genetico delle cellule malate e impedire così che proliferino.

I fotoni dei raggi X colpiscono gli elettroni degli atomi dei tessuti e li mettono in movimento. Questi elettroni «secondari» percorrono zigzagando uno o due centimetri nei tessuti e ionizzano gli atomi delle molecole di DNA nelle cellule che incontrano, disinnescando così il funzionamento dei loro geni.

Poiché questo è il meccanismo, per misurare l'effetto che un fascio di radiazioni produce su un tessuto biologico si può usare proprio il numero di ionizzazioni prodotto. L'unità di misura è chiamata «gray» (Gy) dal nome del fisico inglese Louis Harold Gray, che la introdusse nel 1940.

Poiché il DNA è contenuto nei nuclei delle cellule, per definire il gray è utile scegliere come riferimento un tipico nucleo cellulare, con massa di 10^{-10} grammi e diametro di 6 micrometri: la *dose* di radiazione assorbita da un tessuto biologico vale 1 gray quando strappa 20 000 elettroni alle molecole contenute in un tipico nucleo cellulare.

Fino agli anni Cinquanta i raggi X per scopo medico erano prodotti con i tubi di Coolidge, ma la radiazione era poco efficace per curare i tumori profondi, come mostra la curva tratteggiata della figura 68: quando si dà la dose di 1 gray alla pelle di un paziente con i raggi X prodotti da un tubo di Coolidge (elettroni da 0,2 MeV), la dose assorbita dalle cellule tumorali a 20 centimetri di profondità è pari a soli 0,04 gray.

Negli anni Cinquanta, per raggiungere i tumori profondi, i radioterapisti aumentavano le dosi di radiazione con trattamenti più lunghi, per ionizzare più nuclei cellulari; questo però produceva arrossamenti e, talvolta, bruciature della pelle.

Ma se invece degli elettroni da 0,2 MeV dei tubi di Coolidge si usano elettroni da 10 MeV, la situazione è completamente diversa, come mostra la linea continua della figura 68: la dose a 20 centimetri di profondità è più di dieci volte maggiore e, cosa altrettanto importante, la dose sulla pelle è circa la metà del massimo, che si ha invece a 2 centimetri di profondità. Non è quindi più per nulla vero che «la radioterapia brucia».

Dunque in radioterapia gli elettroni oggi sono accelerati a circa 10 MeV; a questo scopo si usano gli *acceleratori lineari* o *linac* (*linear accelerators*), inventati a metà degli anni Quaranta.

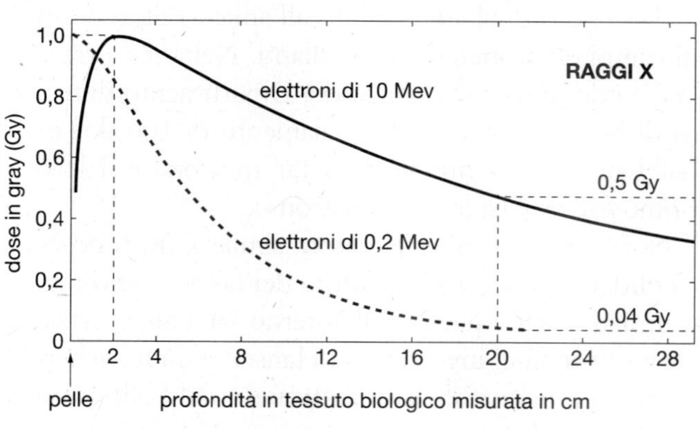

Figura 68. La dose di raggi X assorbita in profondità da un tessuto biologico uniforme aumenta molto quando si passa dagli elettroni da 0,2 MeV dei tubi di Coolidge a quelli da 10 MeV degli acceleratori lineari.

Acceleratori lineari di elettroni

L'invenzione del linac nasce dal fortunato sodalizio di tre amici: il fisico americano William Webster Hansen e i fratelli irlandesi Russell e Sigurd Varian, che si erano conosciuti durante gli anni dell'università. Bill Hansen si laureò in fisica e nel 1927, a soli ventott'anni, divenne professore associato all'Università di Stanford, mentre Russell divenne ingegnere. Sigurd Varian lasciò invece gli studi prima di laurearsi, per divenire meccanico d'aeroplani e, in seguito, pilota. Fu l'esperienza del volo a spingerlo a sviluppare, con l'aiuto del fratello, uno speciale sistema radio per la rilevazione notturna della posizione degli aerei e dei piccoli ostacoli.

Il primo tentativo fu un fallimento, tanto che i fratelli decisero di chiedere aiuto all'amico Bill, esperto di campi elettromagnetici oscillanti. Nel 1937 i tre – lavorando in uno scantinato del Dipartimento di fisica di Stanford, con un finanziamento di 100 dollari dall'Università – riuscirono a far funzionare il loro primo *klystron* (si legge «claistron»).

Si trattava di un acceleratore simile a un tubo di Coolidge, nel quale gli elettroni del fascio erano raggruppati e fatti passare all'interno di una speciale cavità risonante, inventata da Hansen e da lui scherzosamente battezzata «rumbatrone» (dal ballo della rumba, perché le onde elettromagnetiche oscillano avanti indietro al suo interno). All'uscita del rumbatrone si producevano brevissimi impulsi di microonde di enorme potenza: già allora circa un megawatt, che è la potenza elettrica consumata da un paese con un migliaio di abitanti.

Il prefisso «micro» indica che le microonde sono onde elettromagnetiche con lunghezza dell'ordine di dieci centimetri, così brevi da essere riflesse da oggetti anche piccoli, e perciò adatte per individuare e identificare di notte ostacoli o altri velivoli. Inoltre il klystron di Hansen e dei Varian era poco ingombrante e leggero, dunque trasportabile su un aereo, a differenza dei grandi klystron da nave che erano stati sviluppati in parallelo nel Regno Unito.

Durante la guerra i tre contribuirono allo sviluppo dei radar militari, ma l'obiettivo di Bill Hansen era quello di costruire un acceleratore lineare di elettroni con cui fare esperimenti di bombardamento dei nuclei. Egli s'ispirava all'idea di Wideröe illustrata dalla figura 9 a pagina 49: un campo elettrico oscillante, applicato a una serie di tubicini, dà a ogni passaggio un'accelerata a un gruppo di protoni.

Però gli elettroni hanno soltanto 0,5 MeV di massa, e oltre il MeV di energia si muovono in pratica alla velocità della luce. Rispetto al caso dei protoni, la frequenza di oscillazione del campo elettrico doveva perciò essere molto maggiore: bisognava superare il gigahertz, un miliardo di oscillazioni al secondo. Hansen scelse la frequenza di 3 gigahertz e produsse le microonde sia con un klystron sia con un generatore detto «magnetron» in cui, applicando lo stesso principio, il fascio di elettroni percorre un'orbita circolare. Il suo primo linac (figura 69a) accelerò elettroni nel 1947.

Hansen e i fratelli Varian continuarono a collaborare e ben presto i linac trovarono applicazione in campo medico, per la produzione dei raggi X. Nel 1948 i tre fondarono la Varian Associates, società produttrice di klystron e di acceleratori lineari, che in seguito divenne la Varian Medical, tuttora leader nella produzione di apparati per la radioterapia.

I raggi X e i tumori radiosensibili

Le macchine per radioterapia usate oggi si rifanno a un modello brevettato dalla Varian Medical negli anni Sessanta: elettroni da 5–25 MeV, accelerati da un linac, sono deflessi da un campo magnetico e urtando un bersaglio di metallo vengono frenati ed emettono fotoni (figura 70 in alto).

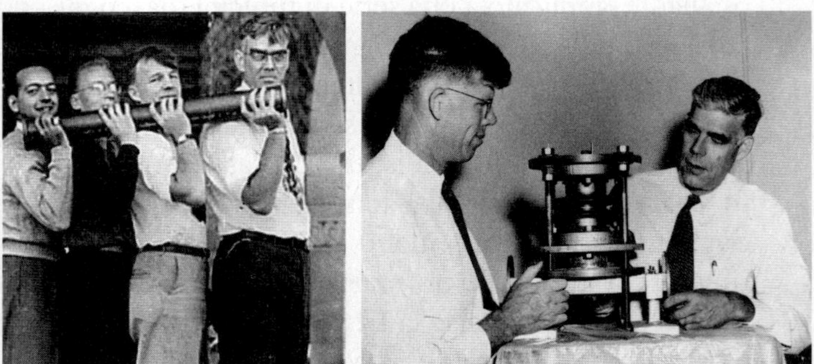

Figura 69. (a) Bill Hansen con tre studenti trasporta una sezione del suo primo linac, che in circa tre metri accelerava elettroni a un'energia massima di 4,5 MeV. (b) I due fratelli Varian, Russell e a destra Sigurd, con uno dei loro klystron.

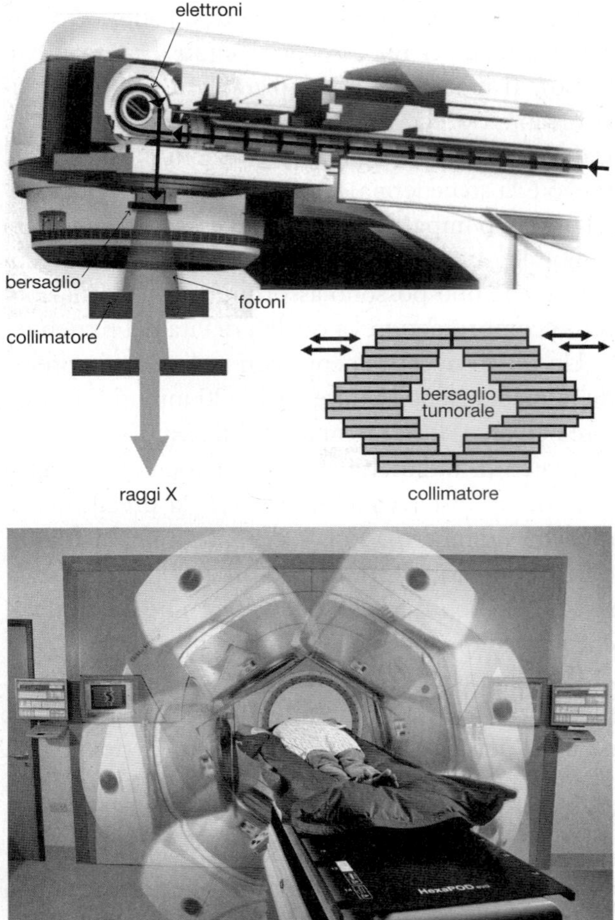

Figura 70. Il fascio di raggi X è collimato da un insieme di lamelle metalliche controllate da un computer. Il fascio ruota intorno al paziente, irradiandolo lungo direzioni tali da minimizzare l'impatto sui tessuti sani.

Il linac è montato all'interno di un supporto che ruota intorno a un asse orizzontale (figura 70 in basso). Il medico radioterapista, con l'aiuto del fisico sanitario che produce al computer il piano di trattamento, può scegliere le direzioni di entrata del fascio e la sua energia. Usando diverse direzioni, infatti, si può impartire la dose necessaria al bersaglio tumorale, anche quando questo è vicino a organi critici, che non possono assorbire troppe radiazioni senza compromettere la qualità di vita del paziente.

Un piano di trattamento con radioterapia prevede in media trenta sedute da 15–20 minuti l'una, da fare nell'arco di sei settimane. Utilizzando fasci laser il tecnico di radioterapia allinea l'apparato rispetto al paziente disteso sul lettino, con la precisione di qualche millimetro. Poi – durante i pochi minuti d'irradiamento del tutto indolore – il paziente è lasciato solo con il ronzio delle macchine e la testata, che gira automaticamente intorno al lettino.

Il trattamento è ripetuto tante volte perché suddividendo la dose su molte sedute, a distanza di un giorno l'una dall'altra, si dà il tempo di ripararsi ai tessuti sani vicini a quelli cancerosi. Quei tessuti sani, infatti, ricevono inevitabilmente una dose di radiazione, un po' come quando, assumendo un forte antibiotico, non si può evitare che ne risenta anche la flora batterica intestinale.

Per fortuna nel 90% circa dei casi le cellule del tumore sono *più sensibili* alle radiazioni ionizzanti delle cellule sane; si parla allora di «tumore radiosensibile». Ciò significa che dopo un giorno, quando i sistemi di riparazione del danno cellulare hanno agito, la frazione di cellule fatalmente danneggiate è maggiore nel tumore che nei tessuti sani.

Suddividendo una dose tipica di 60–70 gray su 30–35 sedute nell'arco di 6–7 settimane, si trae quindi beneficio dalla maggiore resistenza alle radiazioni ionizzanti degli organi sani vicini al tumore, che – per di più – ricevono una dose inferiore.*

In ogni sessione si depongono di solito 2 gray nel bersaglio tumorale, producendo così circa 40 000 ionizzazioni nei nuclei delle cellule malate. A ionizzarsi sono soprattutto le molecole dell'acqua, che rappresenta il 70% della massa cellulare; il risultato è la formazione di *radicali liberi*, piccole molecole dotate di notevoli capacità ossidanti.

Alcuni di questi radicali, muovendosi casualmente, giungono sul DNA e rompono uno o entrambi i filamenti della doppia elica. I danni a una singola elica sono per lo più rimediati dai meccanismi di riparazione molecolare, che proteggono le nostre cellule dai raggi ultravioletti e dalle sostanze chimiche ossidanti che spesso ingurgitiamo con troppa leggerezza.

Le rare rotture doppie, e le modifiche ancora più complesse, sono invece danni difficilmente riparabili; la cellula se ne accorge e mette in atto un «suicidio programmato» detto *apoptosi*, triplicando così l'effetto dell'azione diretta delle ionizzazioni sul DNA.

* Nel loro ciclo vitale le cellule sono in certi momenti più sensibili alle radiazioni, in altri meno; si suddivide la dose su più giorni anche per aumentare la probabilità di trovare, prima o poi, tutte le cellule in una fase di alta sensibilità all'irradiamento.

Questo meccanismo di difesa dell'organismo impedisce alla cellula danneggiata dalle radiazioni di continuare a riprodursi: le ionizzazioni indotte dai raggi X nel DNA spingono all'apoptosi le cellule tumorali, interrompendo la loro proliferazione anomala.

Grazie a questi effetti, la radioterapia contribuisce alla cura del 90% circa di tutti i tipi di tumori solidi, ossia di quelli detti appunto *radiosensibili.*

Protonterapia, la radioterapia con fasci di protoni

L'*adroterapia* – «terapia con adroni», cioè la radioterapia che usa, al posto dei fotoni dei raggi X, fasci di particelle fatte di quark – è una delle nuove armi a disposizione dei medici che curano il cancro.

Oggi soltanto due tipi di adroni sono utilizzati nei centri ospedalieri specializzati: i *protoni* e gli *ioni carbonio.* Li si ottiene strappando, per esempio con una scarica elettrica, l'unico elettrone agli atomi d'idrogeno o tutti e sei gli elettroni agli atomi di carbonio (restano dunque nuclei fatti di 6 protoni e 6 neutroni).

La storia di questa tecnica ha inizio nel 1945, quando Ernest Lawrence chiese all'allievo Bob Wilson di calcolare le interazioni con la materia di un fascio di protoni di qualche centinaio di MeV d'energia. Wilson trovò che in profondità la dose di protoni ha un andamento completamente diverso da quella di un fascio di raggi X.

Supponiamo di bombardare la pelle con un sottile fascio di protoni, tutti della stessa energia. Attraversando i tessuti, i protoni strappano elettroni alle molecole, ionizzandole.

Il punto dove si ha il massimo numero di ionizzazioni è detto «picco di Bragg», dal nome del fisico inglese che per primo ne ha scoperto l'esistenza; il picco si trova a una profondità che dipende dall'energia dei protoni.

Nell'esempio della figura 71, con protoni da 200 MeV si ottiene un picco di Bragg molto pronunciato a 27 centimetri di profondità.

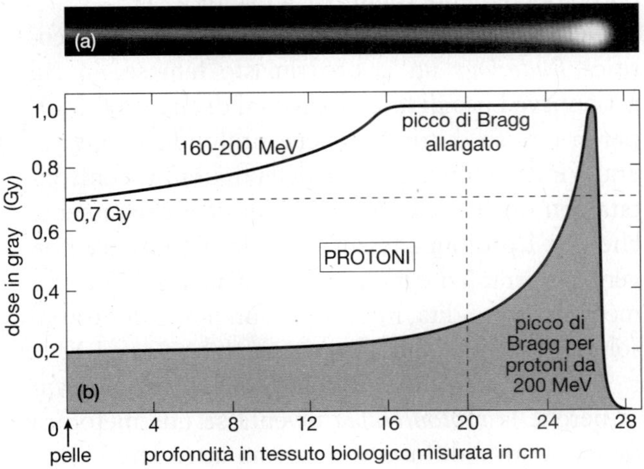

Figura 71. (a) Penetrando in un tessuto biologico, un fascio sottile e monoenergetico di protoni produce il maggior numero di ionizzazioni alla fine del percorso. (b) Numerosi picchi di Bragg, dovuti a un fascio di protoni con energia variabile da 160 MeV a 200 MeV, sovrapponendosi danno una dose uniforme a un tumore lungo dieci centimetri.

Usando simultaneamente protoni di energie diverse si ottengono molti picchi sovrapposti, che formano un «picco di Bragg allargato» con cui si può coprire un bersaglio tumorale di qualsiasi lunghezza e a qualsiasi profondità.

Nel caso della figura 71 la dose alla pelle è limitata al 60% della dose massima, che è quella impartita al tumore. Inoltre i tessuti sani posti al di là del bersaglio tumorale non ricevono alcuna dose, perché i protoni si fermano; ciò è ben diverso da quanto accade con i raggi X, che attraversano invece l'intero corpo del paziente (figura 68 a pagina 223).

Nel 1946 Bob Wilson pubblicò sulla rivista scientifica *Radiology* un lavoro rimasto famoso, in cui proponeva l'uso di fasci di protoni di circa 200 MeV per la terapia di tumori anche profondi. I vantaggi erano indiscutibili: la curva della figura 71, confrontata con quella della figura 68, mostra chiaramente che con i protoni i tessuti al di là del tumore non vengono irradiati e inoltre i tessuti sani, a 3–5 centimetri di profondità, ricevono da un fascio di protoni soltanto un terzo della dose impartita dai raggi X.

Tuttavia ci sono poi voluti quasi cinquant'anni perché la *protonterapia* diventasse una metodica riconosciuta e diffusa; si è dovuta attendere la fine degli anni Ottanta perché il numero di pazienti trattati superasse la soglia dei diecimila. Le ragioni sono facili da spiegare.

Per la terapia con raggi X dei tumori profondi, basta accelerare elettroni fino a 10 MeV; i protoni invece devono essere portati ad almeno 200 MeV, un'energia venti volte maggiore. Inoltre la massa di un protone (1 GeV, cioè 1000 MeV) è duemila volte più grande di quella di un elettrone; gli acceleratori medici di protoni – ciclotroni o sincrotroni – sono perciò molto più grandi e costosi dei linac che producono i raggi X. Per questi motivi, fino all'inizio degli anni Novanta per la protonterapia si utilizzavano acceleratori normalmente usati per fare esperimenti di fisica dei nuclei e delle particelle: una parte del tempo-macchina era dedicata alla cura dei pochi pazienti, il resto all'attività di ricerca.

Soltanto nel 1992 è entrato in funzione in California il Centro medico-universitario di Loma Linda,

Figura 72. Bob Wilson quando era ricercatore a Berkeley e, molti anni dopo, quando fece la prolusione al convegno organizzato nel 1996 al CERN, per ricordare i cinquant'anni dalla pubblicazione del suo famoso lavoro.

dedicato alla sola radioterapia e dotato di tre sale di trattamento. Il suo sincrotrone da 250 MeV era stato costruito, non a caso, dal Fermilab. Oggi, vent'anni dopo, sono quasi quaranta i centri in funzione o in costruzione nel mondo, e cinque ditte offrono centri di protonterapia «chiavi in mano», strutturati intorno a un ciclotrone o un sincrotrone di 6–8 metri di diametro. Alla fine del 2011 erano stati irradiati 100 000 pazienti, un numero che aumenta esponenzialmente a un ritmo del 10% l'anno.

Per ben sfruttare l'acceleratore, ogni centro ospedaliero ha da 3 a 5 sale di trattamento (figura 73); così, mentre un paziente è irraggiato per 3–5 minuti in una sala, nelle altre si effettuano le misure di allineamento di precisione per preparare altri pazienti. Poiché ciascun trattamento richiede 20–30 sedute, un centro con tre sale può curare sino a 1200 pazienti l'anno.

In Italia dal 2002 l'Istituto Nazionale di Fisica Nucleare usa per la terapia dei tumori oculari un fascio di protoni da 62 MeV, estratto dal ciclotrone dei laboratori di Catania. Inoltre un centro simile a quello rappresentato nella figura 73, dotato di due testate, sarà completato nel 2013 dall'Agenzia Provinciale per la Protonterapia di Trento.

TUTTO

La precisione e l'efficacia degli adroni

La radioterapia di precisione è stata resa possibile dall'utilizzo sempre più diffuso degli apparati TAC e PET (e anche della scintigrafia e della ri-

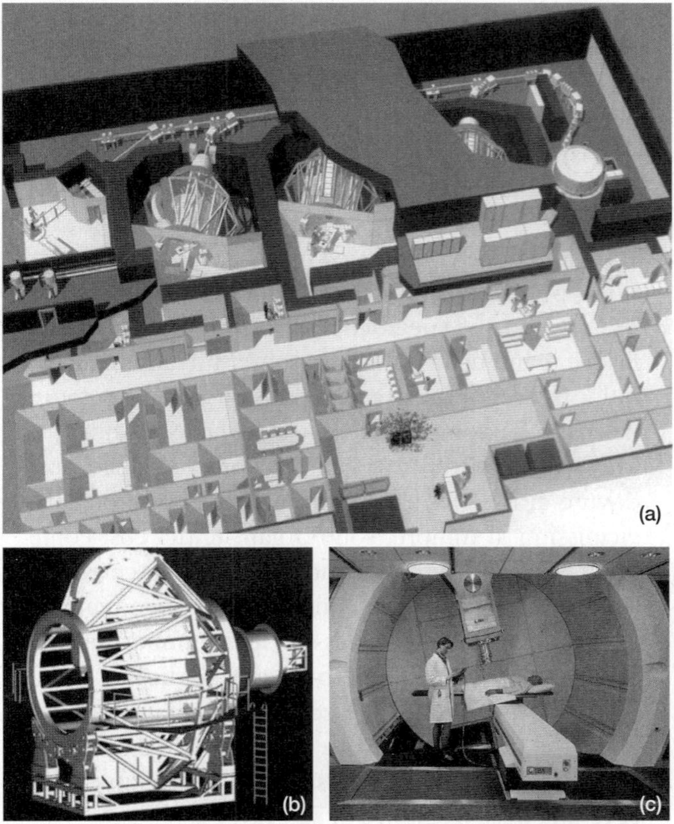

Figura 73. (a) Un tipico centro della ditta belga Ion Beam Applications (IBA), che è leader di mercato; il ciclotrone da 230 MeV pesa duecento tonnellate. (b) I protoni sono deflessi dai magneti montati su tre «testate rotanti», ciascuna con un diametro di dieci metri e un peso di quasi cento tonnellate. (c) Ruotando la testata si può inviare il fascio sul paziente disteso sul lettino, lungo le direzioni che minimizzano la dose impartita ai tessuti critici.

sonanza magnetica[**]), che danno immagini precise dei tessuti e del loro metabolismo e permettono al medico radioterapista di definire con precisione il bersaglio tumorale da irradiare e gli organi critici da risparmiare. Egli stabilisce la minima dose da impartire al tumore e la massima dose che è possibile dare a ciascun organo critico e poi – in stretta collaborazione con il fisico medico, che utilizza raffinati programmi di calcolo – definisce il *piano di trattamento* che specifica le direzioni, le energie dei fasci e le intensità da utilizzare per l'irradiamento.

La figura 74 mostra, nel caso di un raro tumore del naso (la zona scura contrassegnata dal numero «72»), un confronto tra le distribuzioni delle dosi dovute ai raggi X e ai protoni. I due bulbi oculari, vicinissimi al tumore, sono organi critici così come i nervi ottici (triangoli bianchi) e il tronco cerebrale (linea tratteggiata). Ciascuna delle sei linee bianche racchiude il volume di tessuto cui è impartita una dose *maggiore* del numero di gray indicato. Nella figura (a), per esempio, la zona più ampia contrassegnata dal numero 30 riceve una dose che è ovunque maggiore di 30 gray. Il bersaglio tumorale invece riceve una dose maggiore di 72 gray.

È evidente come la protonterapia permetta di risparmiare i tessuti sani: nel trattamento con raggi X

** L'apparato per la risonanza magnetica non fa uso di acceleratori di particelle, ma utilizza solenoidi superconduttori (al centro dei quali scorre il lettino con il paziente) che sono figli della tecnologia dei solenoidi dei grandi rivelatori di particelle.

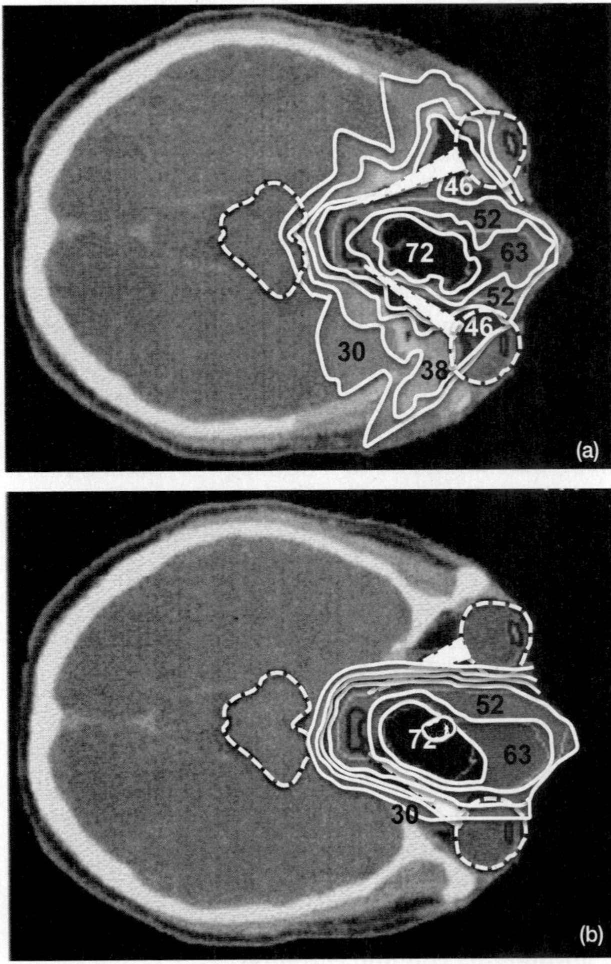

Figura 74. Un confronto tra le dosi date a un carcinoma del seno paranasale, quando si usano i raggi X (figura a) e quando si utilizzano i protoni (figura b).

metà della regione dei bulbi oculari assorbe più di 38 gray e i nervi ottici ricevono più di 46 gray, mentre con i protoni un occhio e un nervo ottico sono quasi completamente risparmiati, riducendo drasticamente il rischio di abbassamento della capacità visiva.

Il risparmio di dose che si riesce ad ottenere con i protoni è fondamentale soprattutto nei bambini: infatti i loro tessuti sani, ancora in fase di sviluppo, sono notevolmente più sensibili agli effetti dannosi delle radiazioni. La limitazione della dose impartita a questi tessuti non soltanto permette una crescita equilibrata degli organi (e, nel caso di irradiazioni cerebrali, una riduzione del frequente deficit cognitivo), ma diminuisce di molto la probabilità d'insorgenza di un tumore secondario nella vita adulta.

In sintesi, con i fasci di protoni si può impartire la *stessa* dose dei raggi X alle cellule tumorali producendovi gli *stessi effetti* biologici e clinici, ma dando una dose inferiore ai tessuti circostanti e riducendo così gli effetti negativi sui tessuti sani.

Tenendo conto di tutti questi fattori, l'AIRO (Associazione Italiana per la Radioterapia Oncologica) ha stimato che in Italia, sui 120 000 pazienti irradiati ogni anno con raggi X, circa 10 000 trarrebbero un vantaggio significativo dalla protonterapia.

L'adroterapia con ioni carbonio

Gli ioni carbonio hanno effetti diversi dai raggi X e dai protoni. La ionizzazione prodotta nei tessuti presenta un picco di Bragg simile a quello della figura 71, e le distribuzioni della dose sono praticamente identiche a quelle dei protoni; tuttavia, per raggiungere i 27 centimetri di profondità, uno ione carbonio deve avere ben 5000 MeV di energia, anziché i 200 MeV di un protone. Gli ioni carbonio, avendo carica elettrica sei volte maggiore, strappano molti più elettroni alle molecole dei tessuti che attraversano; ciò li «rallenta» e impone un aumento dell'energia per consentire una penetrazione profonda.

A parità di percorso, il numero di ionizzazioni prodotto in ogni nucleo cellulare attraversato da uno ione carbonio è dunque 5000/200 = 25 volte quello causato da un protone che arriva alla stessa profondità. La conseguenza è che, se si impartisce con fasci di ioni carbonio *la stessa dose* alle cellule tumorali, la distribuzione della dose nei tessuti è simile a quella dei protoni, ma a livello molecolare gli effetti biologici sono *diversi* da quelli dei protoni e dei raggi X.

Infatti, mentre i protoni (e i raggi X) danneggiano il DNA essenzialmente attraverso l'effetto *indiretto* dei radicali liberi, uno ione carbonio lascia dietro di sé – specialmente negli ultimi centimetri di percorso, cioè all'interno del tumore – una serie continua di ionizzazioni che producono sul DNA effetti *diretti* letali per le cellule cancerose (rotture doppie e *clustered damages*, «danni raggruppati», così gravi che la cellula non riesce quasi mai a ripararli).

Dal punto di vista biologico e clinico, insomma, i protoni e i raggi X sono simili tra loro. Invece un fascio di ioni carbonio è una radiazione di natura diversa e potenzialmente capace di curare i *tumori radioresistenti*, che rappresentano circa un 10% dei 120 000 tumori irradiati ogni anno in Italia con i raggi X.

I tessuti malati che più resistono alla radioterapia con raggi X e protoni sono quelli *ipossici*, cioè carenti di ossigeno (spesso perché sono al centro di un tumore poco vascolarizzato). I tessuti tumorali ben ossigenati invece sono *radiosensibili*: l'ossigeno stabilizza i radicali liberi e li rende più aggressivi, facilitando gli effetti indiretti che uccidono le cellule cancerose.

Quando la mancanza di ossigeno sopprime gli effetti indiretti sul DNA di raggi X e protoni, si può sperare di indurre all'apoptosi le cellule dei tumori radioresistenti grazie agli effetti diretti tipici degli ioni.

All'inizio degli anni Settanta al Lawrence Berkeley Laboratory un gruppo di radiobiologi guidato da Cornelius Tobias, fisico ungherese già allievo di Luis Alvarez ed Emilio Segrè, ha sviluppato l'adroterapia con fasci di ioni, dapprima sperimentando su colture cellulari e su animali e poi, nel 1984, iniziando i trattamenti sull'uomo con fasci di ioni neon (fatti di dieci protoni e dieci neutroni).

Alla chiusura del programma, nel 1993, i risultati ottenuti su 433 pazienti fecero concludere che gli ioni neon avevano carica elettrica troppo elevata e danneggiavano i tessuti sani attraversati dal fascio. Gli ioni carbonio, con soli sei protoni, risultarono invece ottimali sia per il trattamento dei tumori radioresistenti, sia per il risparmio dei tessuti sani.

Proprio gli ioni carbonio sono usati dal 1994 nel primo centro ospedaliero dedicato a questa terapia:

il giapponese HIMAC (*Heavy Ion Medical Accelerator in Chiba*), vicino a Tokyo. Questo centro, leader mondiale dell'adroterapia con ioni carbonio, a fine 2011 aveva trattato circa 7000 pazienti. I risultati sono molto promettenti, anche per cancri frequenti come i tumori primari del polmone e del fegato.

Nel 2009 è entrato in funzione in Germania l'HIT (*Heidelberg Ion Therapy centre*), creato dal medico radioterapista tedesco Jürgen Debus e dai suoi collaboratori, coadiuvati nella progettazione dagli scienziati del centro di ricerca GSI di Darmstadt e nella costruzione dalla Siemens Medical.

Il Centro Nazionale di Adroterapia Oncologica

Oggi anche i pazienti italiani hanno a disposizione, nell'ambito del Servizio Sanitario Nazionale, queste nuove tecniche per la cura dei tumori. Dal settembre 2011 è infatti attivo a Pavia il CNAO, secondo centro al mondo – al di fuori del Giappone – per la terapia con ioni carbonio (e protoni).

La storia di questa struttura è iniziata alla fine degli anni Ottanta, quando – riprendendo gli interessi che avevo coltivato vent'anni prima all'Istituto Superiore di Sanità – cominciai a insegnare un corso di fisica delle radiazioni alla scuola di specializzazione in fisica medica di Milano. Per informarmi sugli ultimi sviluppi, lessi molti articoli e fui colpito dall'attività che si faceva a Berkeley, dove erano in corso i primi trattamenti con ioni neon.

Anche Giampiero Tosi, che era già allora il più autorevole fisico medico italiano, si stava interessando alle stesse problematiche. Insieme nel maggio 1991 scrivemmo un rapporto intitolato «Per un centro di teleterapia con adroni», in cui proponevamo di progettare e costruire in Italia un centro totalmente dedicato alla cura dei pazienti con l'adroterapia.

In pochi mesi ottenemmo l'appoggio di Nicola Cabibbo, il grande fisico teorico italiano allora presidente dell'Istituto Nazionale di Fisica Nucleare, che deliberò un primo finanziamento.

Seguimmo poi il consiglio di creare una fondazione datoci da un brillante trentenne, Gaudenzio Vanolo, che da allora è l'infaticabile segretario generale della Fondazione TERA (TErapia con Radiazioni Adroniche), che ha sede amministrativa a Novara, mentre il laboratorio di ricerca, progettazione e costruzione di prototipi si trova al CERN. Il quarto fondatore fu Elio Borgonovi, professore alla Bocconi, che ci portò la sua grande esperienza nel campo dell'organizzazione degli enti che si occupano di salute pubblica.

Qualche anno dopo entrarono in Consiglio due radioterapisti di notorietà internazionale: Roberto Orecchia dell'Istituto Europeo di Oncologia e Jacques Bernier della Clinique Genolier di Ginevra.

In vent'anni TERA si è avvalsa della collaborazione di duecentoventi giovani fisici e ingegneri. Con i primi tra loro progettammo un centro di adroterapia – che chiamammo fin dall'inizio «Centro Nazionale di Adroterapia Oncologica» – il cui cuore pulsante era un sincrotrone per ioni carbonio e protoni.

Seguirono dieci anni di alti e bassi, di progetti fatti (prima per Novara e poi per Milano) e infine scartati, di delusioni e colpi di fortuna.

Finalmente nel 2001 Umberto Veronesi, da Ministro della salute, creò la Fondazione CNAO, dotandola di un primo finanziamento di 20 milioni di euro.*** L'anno successivo il suo successore Girolamo Sirchia nominò Presidente della fondazione Erminio Borloni, manager di livello internazionale.

Tra il 2002 e il 2003 i giovani di TERA lavorarono alla stesura del progetto definitivo sotto la guida di Sandro Rossi che, passato poi alla fondazione CNAO con venticinque fisici e ingegneri, ha diretto la costruzione del centro ed è divenuto Segretario generale.

Per quest'ultimo progetto ci siamo avvalsi dello studio fatto al CERN tra il 1996 e il 2000 sotto la direzione dell'ingegnere inglese Phil Bryant, un «acceleratorista» di grande esperienza. TERA vi ha contribuito insieme al gruppo austriaco MedAustron.

La costruzione del CNAO, iniziata nel 2005 a Pavia su un terreno adiacente all'Ospedale San Matteo, è stata possibile grazie al generoso contributo di enti italiani ed esteri, in particolare dell'Istituto Nazionale di Fisica Nucleare, che ha costruito molti componenti di alta tecnologia.

*** I Fondatori della fondazione di partecipazione CNAO sono l'Ospedale Maggiore di Milano, il San Matteo di Pavia, L'Istituto Nazionale Tumori, l'Istituto Europeo di Oncologia, l'Istituto Neurologico Besta e la fondazione TERA. I Partecipanti sono l'INFN, la Statale e il Politecnico di Milano, l'Università e il Comune di Pavia e la fondazione Cariplo.

La figura 75 mostra un disegno prospettico del centro e il sincrotrone che genera i fasci.

Il primo paziente, un giovane di 26 anni già operato due volte per un condrosarcoma della base del cranio, è stato irradiato nel settembre del 2011.

Figura 75. In alto: il sincrotrone del CNAO ha un diametro di 25 metri e serve tre sale di trattamento. In basso: le componenti essenziali del sincrotrone sono i magneti deflettori, i quadrupoli e la cavità acceleratrice.

Il futuro della radioterapia

Gli acceleratori lineari in uso medico oggi nel mondo, se messi uno dietro l'altro, formerebbero una fila lunga 40 kilometri, ben più del tunnel che al CERN oggi ospita l'LHC.

La terapia con raggi X diventa sempre più diffusa e insieme più precisa, e il numero dei linac aumenta rapidamente: il tasso di crescita è del 2% l'anno negli USA e del 12% in Cina, dove nel 2011 funzionavano già 1500 linac.

In futuro ne serviranno molti di più. Nel mondo occidentale s'irradiano in media 2000 pazienti per milione di abitanti ogni anno; un linac può trattare 300 pazienti all'anno, e le norme internazionali indicano come sufficiente la dotazione di un linac ogni 150 000 abitanti circa. Secondo questi criteri, la Cina avrà bisogno di ben 8000 linac.

In Italia nel 2011 funzionavano 350 apparati; la media è quindi soddisfacente, ma come in altri settori è necessario investire ancora nel Centro-Sud, ove la situazione è comunque molto migliorata nell'ultimo decennio.

Purtroppo tutti questi acceleratori per terapia sono importati dall'estero. Il nostro Paese però eccelle – grazie all'ENEA e alle ditte sue collaboratrici – nella costruzione di piccoli linac che si usano in sala operatoria, dopo aver rimosso un tumore e prima di ricucire, per irradiare e uccidere le eventuali cellule cancerose residue. Questa IORT (*IntraOperative Radiation Therapy*) è una terapia particolarmente efficace per la cura dei tumori al seno, come è stato dimostrato all'Istituto Europeo di Oncologia.

Oggi i vantaggi medici della protonterapia sono generalmente riconosciuti (ma in alcuni Paesi più che in altri). Lo dimostra la crescita esponenziale dei pazienti trattati nel mondo, a un ritmo del 10% l'anno. Negli Stati Uniti nel 2011 erano in funzione dieci centri e ben otto erano in costruzione; e in quell'anno sono stati irradiati 613 bambini e adolescenti, con un aumento del 30% rispetto al 2010.

L'Europa si muove più lentamente, con 7 centri in funzione e 3 in costruzione, nonostante uno studio dell'*European Network for Light Ion Therapy* abbia concluso che, su 2000 pazienti di raggi X per milione di abitante, circa 240 trarrebbero beneficio da un trattamento con protoni (che in Europa costa meno che negli Stati Uniti).

L'investimento per un centro di protonterapia è superiore a 100 milioni di euro ma – tenendo conto sia di tutte le spese, sia del numero di pazienti trattati all'anno – il costo di una protonterapia completa varia tra 20 000 e 25 000 euro, da confrontarsi con gli 8000–12 000 euro per una terapia di precisione con raggi X e con i 50 000–70 000 euro di molte chemioterapie prolungate

In Italia sono in fase di progettazione diversi centri di protonterapia. L'AIRO stimava nel 2004 che vi è l'esigenza di costruire 4 o 5 nuovi centri, per trattare complessivamente circa 5000 pazienti l'anno.

Va sottolineato con forza che la protonterapia è tanto vantaggiosa che potrebbe *sostituire del tutto* –

in ogni ospedale, per il 90% dei tumori solidi – la terapia con raggi X, se soltanto si riuscisse a costruire acceleratori di protoni da 200–250 MeV piccoli ed economici come i linac per elettroni da 10 MeV.

Questo traguardo tecnologico è ambizioso, ma ditte specializzate e laboratori di ricerca già offrono ciclotroni e linac per protoni abbastanza compatti, tanto da poter essere montati su una testata, di 8–10 metri di diametro, che gira intorno al paziente. Sono inoltre in fase di studio anche acceleratori al laser, molto più piccoli degli attuali ciclotroni e sincrotroni.

I trattamenti con ioni carbonio, diversamente da quelli con i protoni, rimarranno sempre una piccola frazione del totale, perché sono utili soltanto per i tumori radioresistenti, circa il 10% di tutti i tumori. L'AIRO stima in 1500–2000 il numero di pazienti italiani da trattare ogni anno con ioni carbonio.

A Pavia è in corso uno studio clinico che mira a determinare l'efficacia dei fasci di ioni carbonio, confrontandola con quella dei protoni, per i diversi tipi di tumori radioresistenti. Roberto Orecchia, Direttore scientifico del CNAO, conta di trattare nell'ambito di questa ricerca più di mille pazienti l'anno.

Le vicende raccontate in questo capitolo sono un classico esempio di ricaduta positiva della scienza, che partendo dalla ricerca «pura» produce un beneficio per tutta la collettività. I ciclotroni, i sincrotroni e i linac, tre tipi di acceleratori inventati per fare esperimenti di fisica nucleare, sono oggi strumenti che aiutano i medici a curarci meglio, aumentando la durata e la qualità della vita di chi è malato.

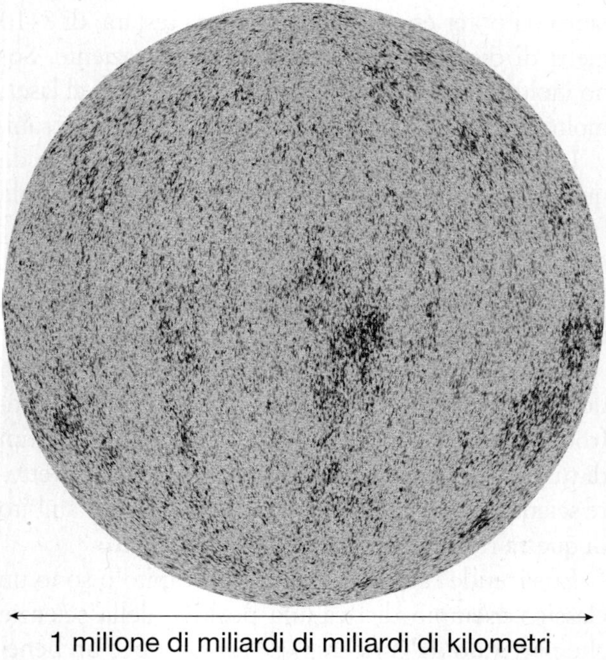

1 milione di miliardi di miliardi di kilometri

Il CERN risale il corso del tempo

In chiusura ritorno alla mappa della radiazione cosmica di fondo ripresa dalla sonda spaziale Planck, la più antica «fotografia» dell'universo che sia mai stata fatta e che si potrà fare.

Risale a 380 000 anni dopo quella esplosione di energia e spazio che è stata chiamata, all'inizio soltanto per scherzo, la Grande Esplosione – il Big Bang – e ci dice che il plasma primordiale di cui era fatto l'universo era praticamente tutto alla stessa temperatura.

La radiazione di fondo, che da allora pervade lo spazio muovendosi in tutte le direzioni, è dunque un «fossile» di un'epoca remota; ma sebbene ci informi sullo stato del cosmo in quell'epoca, e ci dica qualcosa su ciò che è accaduto prima, essa nasconde alla nostra vista la primissima parte della storia.

Per conoscere gli inizi dell'universo dobbiamo ricorrere a ciò che abbiamo appreso, grazie agli acceleratori, sulle interazioni tra le particelle fondamentali; possiamo così tentare di ricostruire con i più potenti calcolatori quel che è avvenuto dal Big Bang fino ai 380 000 anni, l'epoca in cui l'universo è divenuto trasparente.

Ripercorrendo all'indietro nel tempo il processo di allontanamento delle galassie e studiando in dettaglio la radiazione cosmica di fondo, gli astrofisici sono giunti alla conclusione che l'universo è nato 13,8 miliardi di anni fa.

La temperatura iniziale, all'inizio tanto elevata da essere impronunciabile, è calata mano a mano che l'universo si espandeva, fino a scendere a «soli» 3000 gradi dopo 380 000 anni, quando l'universo era fatto soltanto degli elementi più semplici: per il 95% idrogeno (un protone e un elettrone) e per il 5% elio (un nucleo fatto di due protoni e due neutroni, con due elettroni che gli girano intorno).

Come già accennato, la temperatura è proporzionale all'energia media con cui le particelle di un corpo si agitano e collidono: riscaldare l'acqua di una pentola, per esempio, vuol dire aumentare l'energia media con cui le molecole dell'acqua, muovendosi, si scontrano.

Il concetto di «energia con cui le particelle si urtano» è semplice e intuitivo, tanto che i cosmofisici, per misurare la temperatura, preferiscono usare un'unità di energia anziché i gradi: per loro l'unità di temperatura è il GeV, la stessa unità che serve a misurare l'energia e la massa delle particelle. In quest'unità la temperatura di 10 000 gradi (quella che il gas di idrogeno ed elio aveva poco prima dei famosi 380 000 anni, e che oggi possiede la superficie di molte stelle) è pari a un miliardesimo di GeV.

Nel seguito indicherò con *T* il tempo «universale» trascorso dal Big Bang. Considerazioni di termodinamica del plasma primigenio permettono di scrivere la formula che lega la temperatura del cosmo primordiale – cioè l'energia media E che si aveva nelle collisioni tra particelle – al tempo T al quale queste collisioni avvenivano.

Se si misura E in GeV e T in microsecondi (cioè milionesimi di secondo, 10^{-6} secondi), la relazione assume una forma facile da memorizzare: $T = 1/E^2$.

Essa ci dice che un microsecondo dopo il Big Bang l'energia media delle collisioni era 1 GeV, mentre dopo un secondo, cioè 10^6 microsecondi, la temperatura era scesa a un millesimo di GeV (giacché $1/(10^{-3})^2 = 10^6$).

Risalire nel tempo con l'iperforno cosmico

La composizione del plasma primordiale – che i fisici spesso chiamano «zuppa cosmica» – è cambiata al trascorrere del tempo T. Per spiegare perché e come, immaginiamo di disporre di un «iperforno» così ben isolato, e fatto di materiale così refrattario, da poterne aumentare la temperatura a piacere.

Il nostro iperforno contiene la stessa miscela di idrogeno ed elio dell'universo appena divenuto trasparente. La figura 76 mostra che cosa succede quando andiamo *a ritroso nel tempo*, riscaldando l'iperforno, a partire dai 3000 gradi del cosmo vecchio di 380 000 anni.

In questa storia alla rovescia, all'aumentare della temperatura le collisioni tra gli atomi diventano tanto violente da strappare tutti gli elettroni ai nuclei: alla temperatura di 10^{-7} GeV (un milione di gradi) il gas neutro è diventato così un plasma fatto di particelle libere elettricamente cariche, e perciò opaco alla luce.

Continuando ad andare indietro nel tempo, quando la temperatura aumenta fino a 0,001 GeV, la composizione del plasma rimane immutata: accade soltanto che protoni, elettroni e nuclei di elio si urtano con sempre maggiore violenza.

Quando però si superano gli 0,001 GeV, le collisioni diventano così violente da vincere la forza che

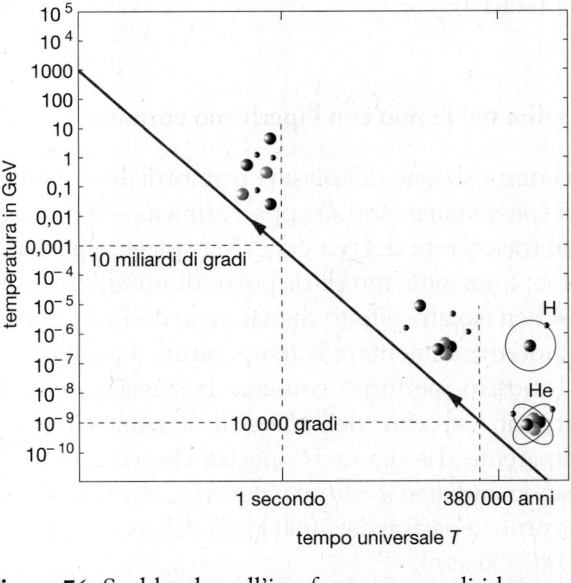

Figura 76. Scaldando nell'iperforno un gas di idrogeno e di elio a temperature sempre maggiori (cioè salendo lungo la scala verticale) si riproducono i fenomeni fisici che accadevano a tempi sempre più remoti (cioè ci si muove verso sinistra sulla scala orizzontale).

tiene insieme i protoni e i neutroni dei nuclei di elio. Come si vede nella figura 76, si oltrepassano i 10 miliardi di gradi e il plasma cambia composizione: ora è fatto di soli protoni, neutroni ed elettroni, senza più nuclei di elio.

Quando la temperatura dell'iperforno si avvicina al GeV – la temperatura del cosmo all'età di un microsecondo – le particelle e le antiparticelle della zuppa cosmica si urtano con tanta energia che si manifesta un fenomeno nuovo: le collisioni dissociano i protoni e i neutroni liberando i loro componenti, i gluoni e i quark leggeri, cioè i quark-*u* e i quark-*d*.

Nella figura 77, che è un ingrandimento della parte di sinistra della figura 76, le sferette più chiare rappresentano quark leggeri, elettroni, neutrini, gluoni e fotoni. Questo stato particolare della materia si chiama *plasma di quark e gluoni*. Nel Large Hadron Collider per qualche settimana all'anno si fanno collidere ioni piombo contro ioni piombo, anziché protoni contro protoni, proprio per studiare questo specialissimo stato della materia. La collaborazione internazionale ALICE ha costruito allo scopo un rivelatore speciale, confermando ciò che si era scoperto nel collisore oro-oro del Laboratorio Nazionale di Brookhaven negli Stati Uniti: il plasma di gluoni e quark si comporta come un liquido incompressibile.

All'aumentare della temperatura, le particelle del plasma di quark e gluoni si urtano in modo sempre più violento; l'energia liberata in ogni collisione è ora tale da produrre *nuove* coppie particella-antiparticella, più pesanti dei quark-*u*, dei quark-*d*, degli elettroni e dei muoni. Compaiono così nella zuppa cosmica i leptoni tau e i quark pesanti *s*, *c*, *b* e *t* (rappresentati dalle sferette nere e del simbolo *t*).

Inoltre ai gluoni e ai fotoni si aggiungono gli astenoni, che hanno masse dell'ordine dei 100 GeV, e i bosoni di Higgs, con massa di 125 GeV. Tra le particelle-materia quelle che compaiono a temperatu-

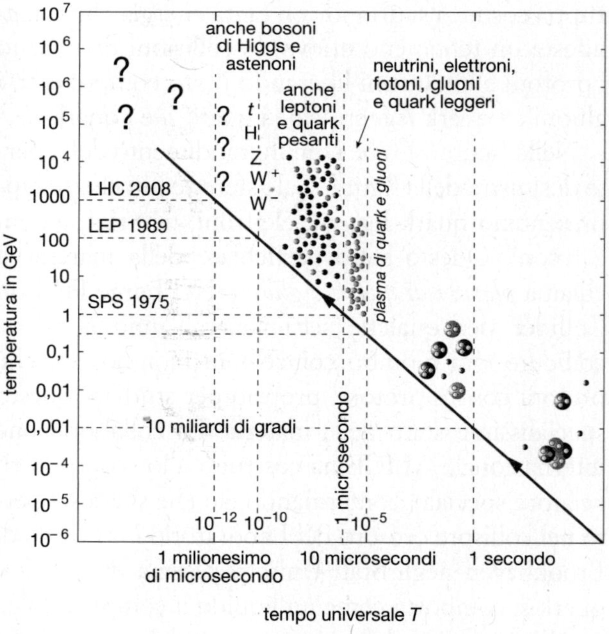

Figura 77. Aumentando la temperatura dell'iperforno, e risalendo quindi il corso del tempo, la composizione della zuppa cosmica cambia: appaiono particelle-materia e particelle-forza (con le loro antiparticelle, non menzionate per ragioni di spazio) di massa sempre maggiore.

ra più elevata sono i quark top e antitop, che hanno massa pari a 174 GeV.

Quando l'iperforno passa la temperatura di 1000 GeV il condensato di Higgs evapora, come l'acqua sul fondo di un recipiente chiuso portato a più di 100 gradi. Il vuoto-pieno dell'iperforno cambia natura e in esso si muovono, senza più interagire, *tutti* i tipi di particelle del Modello Standard con le loro antiparticelle. In altre parole, i venticinque campi quantistici fondamentali ora sono tutti eccitati e sono presenti 12 tipi di ondelle-materia e 12 tipi di ondelle-forza che però non hanno massa e si muovono alla velocità della luce.

Nelle continue collisioni si creano nuove particelle e antiparticelle, ma – a una data temperatura – il numero delle ondelle di ciascun tipo non varia, perché si stabilisce una condizione di *equilibrio dinamico* tra le particelle e antiparticelle create e quelle che decadono oppure, collidendo casualmente, si annichilano.

Che cosa avviene molto al di sopra dei 1000 GeV? Lo scenario è ancora sconosciuto dal punto di vista sperimentale, come indicano i punti interrogativi, ma i modelli teorici come SUSY prevedono l'esistenza di numerose nuove particelle ancora non rivelate (superparticelle? altri tipi di particelle esotiche?).

L'universo primordiale e l'inflazione

Il cosmo primordiale ha percorso *da sinistra verso destra* la sequenza di eventi descritti dalla figura 77.

Prima dei 10^{-12} secondi dal Big Bang, quando le energie scambiate superavano i 1000 GeV e il condensato di Higgs non esisteva, le masse degli astenoni erano nulle, come quelle dei fotoni: i fotoni e gli astenoni erano emessi e assorbiti allo stesso modo e le forze elettromagnetica e debole erano aspetti diversi di una stessa forza unificata, la *forza elettro-debole.*

Con la diminuzione della temperatura comparve il condensato di Higgs, che diede massa a tutte le particelle e antiparticelle, rompendo la simmetria tra forza elettromagnetica e forza debole. Al trascorrere del tempo le particelle-forza pesanti, inclusi i bosoni di Higgs, e poi i leptoni e i quark pesanti (con le loro antiparticelle), scomparvero annichilandosi e decadendo – in frazioni di microsecondo – in particelle leggere.

Quelle particelle pesanti instabili non sono rimaste nella materia che è intorno a noi: gli atomi sono fatti soltanto di quark-*u*, quark-*d* ed elettroni. Per scoprire l'esistenza e studiare le proprietà delle particelle scomparse è stato necessario accelerare frazioni infinitesime di materia e di antimateria a energie sempre maggiori: i collisori sono, in buona sostanza, un surrogato del nostro immaginario iperforno cosmico.

Le scritte SPS, LEP, LHC della figura 77 mostrano come negli ultimi quarant'anni gli acceleratori del CERN abbiano dato – e diano ancora oggi, con l'LHC – informazioni sulla composizione del plasma cosmico a tempi sempre più vicini al Big Bang. Ecco perché si può dire che, con i suoi collisori sempre più potenti, *il CERN risale il corso del tempo.*

Le misure di precisione ottenute con gli acceleratori di particelle permettono di identificare la miriade di processi di collisione, creazione e annichilazione che avvenivano nell'universo primordiale. Tramite la simulazione di tutti questi fenomeni con potenti calcolatori, possiamo determinare la composizione della zuppa cosmica a 1000 GeV e poi a tutte le temperature inferiori, seguendo così nei dettagli l'evoluzione dell'universo, da un milionesimo di microsecondo (10^{-12} secondi) fino ai 380 000 anni dopo il Big Bang.

Questa ricostruzione incontra però due gravi difficoltà: il *Problema dell'asimmetria materia-antimateria* e il *Problema dell'orizzonte*.

Il primo problema nasce da questa domanda: perché, se in tutte le collisioni che avvengono nella zuppa primordiale si producono sempre insieme una particella e un'antiparticella, oggi l'universo è fatto soltanto di particelle-materia, senza alcuna traccia di antiparticelle-materia?

I fisici non sanno ancora rispondere a questa semplice domanda, che risale a cinquant'anni fa, ma oggi ritengono almeno di conoscere la direzione in cui muoversi per trovare la risposta: introdurre modifiche al Modello Standard così da permettere che alcune reazioni, tra quelle che avvenivano nella zuppa cosmica subito dopo il Big Bang, producano più facilmente – e nella giusta proporzione – più particelle che antiparticelle.

Le proposte avanzate dai fisici teorici sono numerose, ma la scelta può essere fatta soltanto sulla di dati sperimentali. Asimmetrie di questo tipo sono note per i quark-*s* fin dal 1964 e nel 2012 la collaborazione internazionale LHCb ha osservato alcuni decadimenti del quark-*c* che violano la simmetria materia-antimateria. Tuttavia questi fenomeni non sono quantitativamente sufficienti.

La domanda posta dal «Problema dell'orizzonte» è più difficile da spiegare. Per comprenderla è utile ritornare all'immagine Planck della radiazione di fondo: noi ci troviamo al centro dell'enorme sfera, la cui luce ci raggiunge dopo quasi 13,8 miliardi di anni.

Guardando la superficie sferica vediamo com'era distribuito il gas neutro a 3000 gradi, fatto di atomi d'idrogeno e di elio, quando si è formato 380 000 anni dopo il Big Bang. Zone diverse avevano temperature leggermente diverse, come indicano le diverse gradazioni di grigio nella figura: le macchioline scure per esempio erano pochissimo più fredde, di appena 0,05 gradi, rispetto alla media di 3000 gradi.

Nelle zone più fredde la densità era appena maggiore di quella media, ma questa minuscola differenza è stata sufficiente a far sì che, per effetto dell'attrazione gravitazionale, i punti freddi divenissero centri di concentrazione dell'idrogeno e dell'elio, formando così i primissimi «semi» delle stelle e delle galassie.

La quasi perfetta uniformità del gas primordiale è sorprendente, perché indica che le zone di gas in posizioni diametralmente opposte sull'enorme sfera devono aver in qualche modo «comunicato tra loro» prima dei 380 000 anni: come potrebbero, altrimenti, avere la stessa temperatura?

Per capire dove sta la difficoltà, si può ragionare nel modo seguente. Quando i fotoni della radiazione di fondo furono emessi, l'universo era una sfera mille volte più piccola di quella odierna. A quell'epoca un qualsiasi segnale che si muovesse alla massima velocità possibile, la velocità della luce, avrebbe impiegato circa 30 milioni di anni per percorrere il diametro della sfera e mettere in comunicazione tra loro due zone opposte del cosmo, portandole in equilibrio termico. Ma poiché erano trascorsi appena 380 000 anni dal Big Bang, i fotoni non avevano avuto il tempo di coprire quei 30 milioni di anni-luce. Lo stesso ragionamento vale per tutti i tempi precedenti: il cosmo non è mai stato «tutto a portata di tiro» dei fotoni.

Se però ipotizziamo che a un certo momento ci sia stata un'*espansione molto rapida e accelerata* dell'universo, allora prima dell'espansione il cosmo poteva essere tanto piccolo da farsi attraversare da «segnali equalizzatori», che l'hanno portato in una situazione di equilibrio termico.

L'ipotesi dell'espansione accelerata è stata proposta nel 1979 da Alan Guth, fisico teorico statunitense che ha introdotto il «modello inflazionario» dell'universo. Secondo il modello di Guth, tra 10^{-36} e 10^{-32} secondi il cosmo ha avuto un enorme e rapidissimo aumento di dimensioni, raddoppiando di diametro all'incirca ogni 10^{-34} secondi, a causa di un'improvvisa e potentissima spinta dovuta a un campo scalare, simile al campo di Higgs, a cui è stato dato l'orribile nome di «inflatone».

Durante questa *inflazione cosmica* il diametro dell'universo è cresciuto di almeno 10^{30} volte, passando da una minuscola frazione del diametro di un protone a circa un centimetro. Al termine di questo processo l'energia dell'inflatone ha dato origine a tutte le possibili particelle e superparticelle previste da SUSY (se questa teoria è vera) portandole all'enorme temperatura di 10^{13} GeV.

Durante l'inflazione nel cosmo erano presenti disomogeneità causate dalle fluttuazioni tipiche della fisica quantistica. Con l'inflazione queste piccole differenze di densità e temperatura si sono appianate, come le grinze di un palloncino vuoto che venga gonfiato all'improvviso. Ecco perché, dopo 380 000 anni, il plasma aveva ovunque la stessa composizione e la stessa densità, perturbate soltanto da quelle minuscole fluttuazioni residue che sono divenute i semi delle galassie.

Il primo milionesimo di milionesimo di secondo

Oggi la maggior parte dei fisici accetta il meccanismo proposto da Guth per risolvere il Problema dell'orizzonte. La figura 78 dà allora una rappresentazione sintetica di ciò che è successo nei primi 380 000 anni.

Sull'asse orizzontale sono riportati sia il tempo universale sia la temperatura, mentre l'asse verticale indica le dimensioni dell'universo.

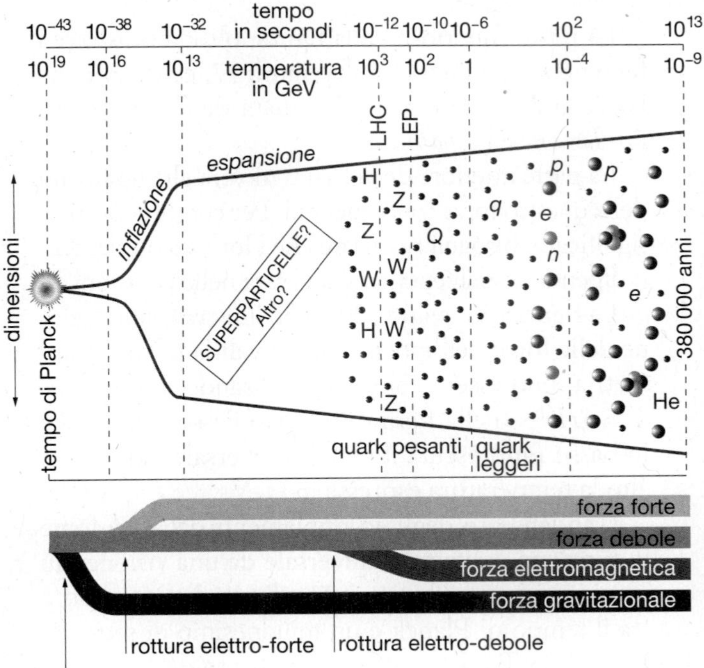

Figura 78. Attraverso una serie di processi di creazione, annichilazione e decadimento di particelle e superparticelle, 1 microsecondo (10^{-6} s) dopo il Big Bang la temperatura è scesa da 10^{19} GeV fino a 1 GeV: nella zuppa ora si scontrano e si creano soltanto i quark leggeri e gli elettroni (per semplicità non abbiamo indicato le antiparticelle né le particelle neutre leggere: gluoni, fotoni e neutrini).

La scala del tempo inizia con il *tempo di Planck*, che vale circa 10^{-43} secondi e rappresenta il tempo prima del quale le attuali teorie fisiche fondamentali, cioè la relatività generale e la fisica quantistica, perdono validità.

La parte superiore della figura, oltre a mostrare i fenomeni già illustrati dalla figura 77, evidenzia che la scena cosmica è stata dominata da *due* processi: l'*inflazione* e l'*espansione*.

La parte inferiore della figura mostra gli andamenti delle quattro forze fondamentali. Per comprenderne il significato, bisogna ricordare che i loro accoppiamenti dipendono dall'energia scambiata nelle collisioni.

La figura 62 a pagina 203, che illustra l'unificazione delle forze nell'ipotesi che sia valida la Supersimmetria, può essere convertita – usando la relazione $T = 1/E^2$ – nella figura 79, dove l'asse orizzontale in basso rappresenta il tempo universale e quello in alto la temperatura espressa in GeV.

L'andamento degli accoppiamenti delle tre forze in funzione del tempo universale dà una visione più precisa, rispetto alla figura 78, di ciò che è accaduto tra il tempo di Planck e un milionesimo di secondo dopo il Big Bang.

Subito dopo il tempo di Planck le particelle collidevano e si disintegravano a temperature di poco inferiori a 10^{19} GeV. L'universo era elettricamente neutro, gli accoppiamenti delle forze elettromagnetica, debole e forte avevano valori simili e gli scambi di gluoni, fotoni e astenoni accadevano tutti con la stessa probabilità.

Le tre forze erano unificate, manifestazioni diverse di un'unica forza, le cui particelle-forza erano strettamente imparentate (o, come dicono i fisici, «appartenevano a uno stesso multipletto»).

Tra i 10^{-38} e i 10^{-35} secondi, intervallo indicato nella figura 79 dalla banda grigia di sinistra, gli accoppiamenti hanno cominciato a divergere e si è avuta la *rottura della simmetria elettro-forte*.

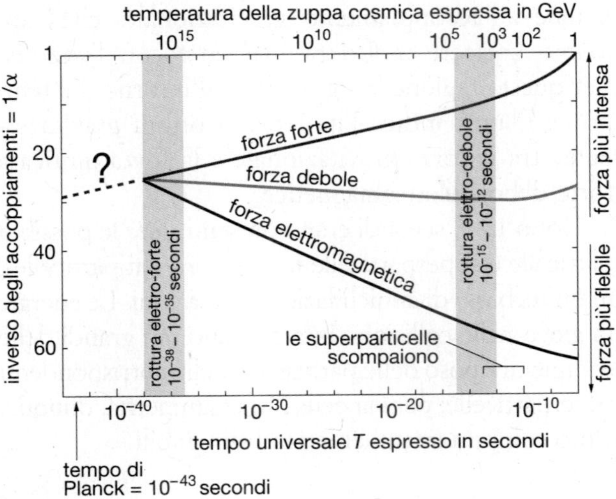

Figura 79. Gli inversi degli accoppiamenti, al trascorrere del tempo universale tra il tempo di Planck e 10^{-6} secondi: la forza forte diventa sempre più intensa, quella elettromagnetica più flebile. Tutte le curve sono calcolate nell'ipotesi che sia valida la Supersimmetria. Inoltre l'energia media ϵ scambiata nelle collisioni è identificata con l'energia della collisione E, cioè con la temperatura del plasma cosmico.

In quella stessa epoca l'universo subiva il fenomeno dell'inflazione, che lo portò ad avere – dopo 10^{-32} secondi – un diametro di circa un centimetro e a iniziare un'espansione molto più lenta.

Gli andamenti della figura 79, che sono validi se si accetta la Supersimmetria tra particelle-materia e particelle-forza, non dicono nulla sul «prima» (un'ignoranza sottolineata dal punto interrogativo sulla sinistra). Tuttavia è ragionevole supporre che a 10^{19} GeV l'accoppiamento unificato delle tre forze fosse uguale all'accoppiamento gravitazionale, che sappiamo crescere molto rapidamente con l'energia. Per questa ragione la figura 78 nell'intorno del tempo di Planck indica l'ipotetica «rottura gravitazionale» tra la forza gravitazionale e la forza unificata forte-debole-elettromagnetica.

Dopo 10^{-32} secondi erano presenti *tutte* le possibili particelle e superparticelle (con le loro antiparticelle), in un turbinio di annichilazioni e creazioni. Le energie in gioco nelle collisioni, infatti, erano più grandi delle energie di riposo delle particelle e delle corrispondenti superparticelle; per via della Supersimmetria, dunque, i loro comportamenti erano indistinguibili.

I neutralini e la materia oscura

Il cosmo continuava a espandersi quando il tempo universale passò i 10^{-12} secondi e la temperatura scese sotto i 1000 GeV. Accadde allora una transizione che ha determinato tutta la successiva storia dell'universo: le superparticelle (e le loro antiparticelle) cessarono di essere ricreate, perché le collisioni non avvenivano più a energia sufficiente.

Poiché le particelle supersimmetriche sono instabili, esse decaddero rapidamente in particelle e antiparticelle e nelle superparticelle più leggere di tutte, i *neutralini*, che non possono ulteriormente decadere per mancanza di energia. Alla fine (se così si può dire, parlando di dieci milionesimi di milionesimi di secondo) restarono soltanto queste superparticelle neutre stabili, che non si legano alla materia ordinaria e perciò da allora vagano nello spazio cosmico.

Secondo molti astrofisici questi neutralini vaganti hanno avuto una funzione essenziale nella formazione delle galassie. Per spiegare la velocità con cui le stelle ruotano intorno al centro della loro galassia, infatti, è necessario supporre che le galassie siano fatte di una «materia oscura», oltre che della «materia visibile» di stelle, polveri e gas interstellari che osserviamo con i telescopi.

Questa misteriosa "nuvola" di materia oscura rappresenta circa l'85% della massa totale di una galassia. Se non esistesse, le stelle che si trovano nella periferia di una galassia a spirale simile alla nostra Via Lattea ruoterebbero - attorno al centro della galassia - con una velocità 10 volte inferiore a quella osservata.

Nei modelli che oggi vanno per la maggiore la *materia oscura* è fatta proprio di neutralini, superparticelle che, essendo neutre, interagiscono pochissimo con la materia usuale. I neutralini avrebbero contribuito, con la loro attrazione gravitazionale, alla formazione delle galassie a partire dai semi presenti nel gas caldissimo dei primi 380 000 anni.

La ricerca dei neutralini è un altro tema che lega strettamente la ricostruzione del primo secondo di vita del cosmo alla sperimentazione che si fa all'LHC, ove i grandi rivelatori sono in grado di osservarne la produzione. Nonostante le molte ricerche, alla fine del 2012 non era ancora stata trovata traccia di neutralini, ma i sostenitori della Supersimmetria non hanno perso la speranza.

Per completezza va detto che la materia visibile e quella oscura non esauriscono tutta l'energia dell'universo. Infatti, se si considera l'energia contenuta in media in un metro cubo di universo, la materia oscura ne rappresenta il 24% e la materia visibile soltanto il 4%. E il restante 72% di che cosa è fatto? La risposta più accreditata oggi è che esista un'*energia oscura* repulsiva, distribuita uniformemente in tutto lo spazio, che da 4–5 miliardi di anni spinge le galassie ad allontanarsi una dall'altra sempre più rapidamente. Ma gli esperti non sono d'accordo né sulla natura né sull'origine dell'energia oscura.

Il primo minuto: appaiono i nuclei atomici

Tornando alla cronistoria del cosmo primordiale, è il momento di osservare che le rotture di simmetria elettro-forte ed elettro-debole, che nella figura 78 sembrano avere caratteristiche simili, sono invece molto diverse tra loro. La prima è dovuta alla divergenza degli accoppiamenti; la seconda, invece, è conseguenza del fatto che dopo 10^{-12} secondi il «vuoto» è cambiato, per via della comparsa del condensato di Higgs.

Prima la forza elettrica (scambio di un fotone) e la forza debole (scambio di un astenone) erano ancora unificate e apparivano allora come un'unica forza, la *forza elettro-debole*; avevano infatti costanti di accoppiamento quasi uguali e mediatori privi di massa che si comportavano in modo analogo.

Le due forze cominciarono a essere diverse quando la temperatura, cioè l'energia delle collisioni che avvenivano nella zuppa cosmica, scese sotto i 1000 GeV: allora il condensato di Higgs indusse la «rottura della simmetria elettro-debole», indicata nella figura 79 dalla banda grigia di destra.

Quando poi il tempo universale passò i 10^{-10} secondi, gli astenoni, le particelle di Higgs, i quark (e gli antiquark) top scomparvero perché, decaduti in particelle più leggere, non potevano più essere ricreati nelle collisioni, per mancanza di energia. Dopo 10^{-10} secondi il plasma cosmico era composto non più da una ventina di particelle e da una ventina di antiparticelle, ma soltanto da una decina di particelle-materia accompagnate dalle loro antiparticelle: i leptoni e, μ e τ, i quark leggeri e pesanti (tranne il quark-top) e i neutrini, tutti con le rispettive antiparticelle. Erano presenti inoltre le particelle-forza gluoni e fotoni, che per semplicità non appaiono nella figura 78 (dove i quark pesanti sono indicati con «Q»).

L'equilibrio dinamico tra tutte queste particelle non durò a lungo perché, in frazioni di milionesimo di secondo, le particelle pesanti decadevano in quelle leggere e poi, intorno ai 10^{-5} secondi, si formò il plasma di quark e gluoni.

Nelle successive decine di secondi i quark leggeri diedero luogo ai protoni e ai neutroni, che in seguito si legarono a formare, insieme ai protoni, i primi nuclei di elio.

Fisica bella e fisica utile

La figura 78 a pagina 261 mostra che con l'LHC siamo giunti a *metà strada* (su scala logaritmica) nello studio sperimentale dei fenomeni accaduti tra i 380 000 anni e il tempo di Planck.

La visione di ciò che potrebbe essere accaduto prima di un milionesimo di milionesimo di secondo è ipotetica, ma l'insieme è convincente, perché permette di spiegare lo stato semplice in cui si trovava il cosmo 380 000 anni dopo, quando era soltanto mille volte più piccolo rispetto a oggi.

Mi piace chiamare questa costruzione intellettuale «la fisica bella»; vi hanno contribuito nell'arco di settant'anni decine di migliaia di studiosi, tra esperti di acceleratori e rivelatori, fisici sperimentali e teorici.

Di solito i libri divulgativi mettono in risalto la bellezza delle teorie con cui s'interpretano i dati prodotti agli acceleratori o si prevedono le osservazioni future. Più di rado si dà il giusto peso anche agli sperimentatori, ma quasi mai agli «acceleratoristi» e agli esperti di rivelatori, i «rivelatoristi»; nei primi due capitoli di questo volumetto ho cercato di rendere loro giustizia, raccontando la vita e i contributi di alcuni di loro.

A mo' di compensazione, invece, ho tralasciato di nominare molti fisici teorici, anche italiani, che hanno dato contributi essenziali alla costruzione del Modello Standard e della Supersimmetria. Ma questo non deve trarre in inganno il lettore: la fisica bella è il risultato dell'inventiva e della perseveranza di ingegneri, fisici sperimentali e fisici teorici che, nei decenni, hanno imparato a lavorare insieme e a capirsi, grazie anche alla vita comunitaria resa possibile dai grandi laboratori come il CERN.

In parallelo agli sviluppi della fisica bella, molti esperti di acceleratori e rivelatori hanno lavorato alle applicazioni mediche di tecniche e strumenti, sviluppati in origine soltanto per rispondere alle domande sempre più esigenti poste dalla fisica fondamentale.

Per offrire uno scorcio anche di queste fondamentali ricadute della fisica delle particelle, nell'ultimo capitolo ho tracciato la storia delle applicazioni degli acceleratori alla terapia dei tumori.

Dal duplice impiego degli acceleratori, nella ricerca di base e in medicina, nasce la mia passione per questi strumenti e anche il motto che uso spesso, «la fisica è bella e utile», un motto che per via della rima suona ancor meglio in inglese: *physics is beautiful and useful.*

Fonti delle immagini

Le fotografie alle pagine 16, 66, 116, 144 e 175 (con AFP/GETTY) sono di Daniele Bergesio, TERA.

Figura 1 ESA, Planck Collaboration
Figura 2a Courtesy Archive Deutsches Röntgen-Museum
Figura 2b SPL/Tips
Figura 3 Courtesy Archive Deutsches Röntgen-Museum
Figura 4a © Bettmann, Corbis
Figura 5a © Pictorial Press Ltd, Alamy
Figura 6 Cavendish Laboratory, Cambridge University
Figura 7 CERN
Figura 8b I. Curie, F. Joliot, SPL/Tips
Figura 9a Lawrence Berkeley National Laboratory
Figura 11a Lawrence Berkeley National Laboratory
Figura 11b Lawrence Berkeley National Laboratory
Figura 13 Lawrence Berkeley National Laboratory
Figura 14a NASA
Figura 14b Indiana University, USA
Figura 15b Museo di fisica, Dipartimento di fisica, Università La Sapienza, Roma
Figura 16 CERN
Figura 18 Archivio Amaldi, Dipartimento di fisica, Università La Sapienza, Roma
Figura 21a CERN

Figura 21b CERN, SPL/Tips
Figura 21c Florida State University
Figura 23a Famiglia Touschek
Figura 23b Ria Novosti, SPL/Tips
Figura 24 Famiglia Touschek
Figura 25 CERN
Figura 26 CERN
Figura 32 Lawrence Berkeley National Laboratory, 1969
Figura 42a CERN
Figura 43 CERN
Figura 47 CERN, SPL/Tips
Figura 51 Paolo Magagnin, TERA
Figura 52 CERN
Figura 53 CERN
Figura 55 CERN, 2012
Figura 56 CERN, 2012
pagina 210 Chris Phan, Wiki Commons
Figura 64 David Hammond, Department of Physics, University of Vermont
Figura 66 Pascal Goetgheluck, SPL/Tips
Figura 67b Jens Langner, Wiki Commons
Figura 69a SLAC National Accelerator Laboratory
Figura 69b American Institute of Physics, SPL/Tips
Figura 70b © Elekta, Stoccolma
Figura 71a Paul Scherrer Institute, Villigen (CH)
Figura 72a Los Alamos National Laboratory, SPL/Tips
Figura 72b Fermi National Accelerator Laboratory
Figura 73 Ion Beam Applications (IBA)
Figura 74 Tony Lomax et al, Paul Scherrer Institute
Figura 75 Centro Nazionale di Adroterapia Oncologica

Indice analitico